EUROPA-FACHBUCHREIHE
für Metallberufe

Ulrich Fischer   Max Heinzler   Friedrich Näher   Heinz Paetzold
Roland Gomeringer   Roland Kilgus   Stefan Oesterle   Andreas Stephan

Formeln für Metallberufe

10. Auflage

W0039592

Bildbearbeitung:
Zeichenbüro des Verlages Europa-Lehrmittel, Ostfildern

Druck 5 4 3 2 1
Alle Drucke derselben Auflage sind parallel einsetzbar, da sie bis auf die Behebung von Druck-
fehlern unverändert sind.

Satz: Satz+Layout Werkstatt Kluth GmbH, 50374 Erftstadt
Druck: M. P. Media-Print Informationstechnologie GmbH, 33100 Paderborn

Europa-Nr.: 10714   ISBN 978-3-8085-1210-4

VERLAG EUROPA-LEHRMITTEL · Nourney, Vollmer GmbH & Co. KG
Düsselberger Straße 23 · 42781 Haan-Gruiten

Umrechnung von Einheiten

Diese Formelsammlung gibt zu allen Größen einer Formel immer das Formelzeichen und eine Einheit an. Setzt man bei Berechnungen die gegebenen Größen in den vorgeschlagenen Einheiten in die Formel ein, erhält man auch die gesuchte Größe in der angegebenen Einheit.

Beispiel:

Formel für die Leistung $P = F \cdot v$ (Seite 24) mit	P	Leistung	W
	F	Kraft	N
	v	Geschwindigkeit	m/s

Berechnungsbeispiel: F = 12 kN, v = 300 m/min; P = ? kW
Umrechnung der Einheiten: F = 12 kN = 12 000 N
                                     v = 300 m/min = 300 m / 60 s = 5 m/s
Lösung: P = $F \cdot v$ = 12 000 N $\cdot$ 5 m/s = **60 000 W** = 60 kW

Größe		Einheit		Umrechnung in andere Einheiten
Beispiel	Formel-zeichen	Name	Zei-chen	
Länge				
	l	Meter	m	1 m = 10 dm = 100 cm = 1000 mm 1 mm = 1000 µm 1 µm = $\dfrac{1}{1000}$ mm; 1 km = 1000 m
Fläche				
	A, S	Quadratmeter	m²	1 m² = 100 dm² = 10 000 cm² = 1 000 000 mm² 1 dm² = 100 cm² = 10 000 mm² 1 cm² = 100 mm² 1 a = 100 m² } nur für Grundstücksflächen 1 ha = 10 000 m²
Volumen und Hohlmaße				
	V	Kubikmeter Liter	m³ l, L	1 m³ = 1000 dm³ = 1 000 000 cm³ 1 dm³ = 1000 cm³ 1 cm³ = 1000 mm³ 1 l = 1 L = 1 dm³ = 0,001 m³ 1 dl = 100 cm³; 1 ml = 1 cm³
Winkel (eben)				
	α, β, γ	Grad Minute Sekunde	° ' ''	1° = 60' 1' = $\dfrac{1°}{60}$ = 60'' = 0,016$\overline{6}$° 1'' = $\dfrac{1°}{3600}$ = $\dfrac{1'}{60}$ für Drehbewegungen auch Radiant rad 1 rad = $\dfrac{180°}{\pi}$ ≈ 57,296°
Zeit				
	t	Sekunde Minute Stunde Tag	s min h d	1 s = $\dfrac{1}{60}$ min 1 min = 60 s = $\dfrac{1}{60}$ h 1 h = 60 min = 3600 s 1 d = 24 h
Drehzahl, Drehfrequenz				
	n	1 pro Sekunde 1 pro Minute	1/s 1/min	1/s = 60/min = 60 min⁻¹ 1/min = 1 min⁻¹ = $\dfrac{1}{60\ s}$

Umrechnung von Einheiten

Größe		Einheit		Umrechnung in andere Einheiten
Beispiel	Formel-zeichen	Name	Zei-chen	
Geschwindigkeit				
	v	Meter pro Sekunde	m/s	$1\ \text{m/s} = 60\ \text{m/min} = 3{,}6\ \text{km/h}$
		Meter pro Minute	m/min	$1\ \text{m/min} = \dfrac{1}{60}\ \dfrac{\text{m}}{\text{s}} = 0{,}0167\ \dfrac{\text{m}}{\text{s}}$
		Kilometer pro Stunde	km/h	$1\ \text{km/h} = \dfrac{1}{3{,}6}\ \dfrac{\text{m}}{\text{s}} = 0{,}278\ \dfrac{\text{m}}{\text{s}}$
Winkelgeschwindigkeit				
1s	ω	1 pro Sekunde	$\dfrac{1}{\text{s}}$	$\dfrac{1}{\text{s}} = 1\ \dfrac{\text{rad}}{\text{s}} \approx \dfrac{57{,}296°}{\text{s}}$
Masse				
	m	Kilogramm	kg	$1\ \text{kg} = 1000\ \text{g}$
		Gramm	g	$1\ \text{g} = 1000\ \text{mg}$
		Tonne	t	$1\ \text{t} = 1000\ \text{kg} = 1\ \text{Mg}$
Dichte				
	ϱ	Kilogramm pro Meter hoch drei	kg/m³	$1\ \text{t/m}^3 = 1\ \text{kg/dm}^3 = 1\ \text{g/cm}^3 = 1\ \text{mg/mm}^3$ bei Gasen: $1\ \text{kg/m}^3 = 1\ \text{g/dm}^3$
Kraft, Gewichtskraft				
	F, F_G	Newton	N	$1\ \text{N} = 1\ \dfrac{\text{kg} \cdot \text{m}}{\text{s}^2}$ $1\ \text{daN} = 10\ \text{N}$ $1\ \text{kN} = 1000\ \text{N} = 10^3\ \text{N}$ $1\ \text{MN} = 10^3\ \text{kN} = 1\,000\,000\ \text{N} = 10^6\ \text{N}$
Druck, mechanische Spannung				
	p σ, τ	Pascal Bar Newton pro Meter hoch zwei	Pa bar N/m²	$1\ \text{Pa} = 1\ \text{N/m}^2 = 0{,}01\ \text{mbar}$ $1\ \text{bar} = 100\,000\ \text{N/m}^2 = 10^5\ \text{Pa}$ $1\ \text{bar} = 10\ \text{N/cm}^2 = 1\ \text{daN/cm}^2 = 0{,}1\ \text{N/mm}^2$ $1\ \text{mbar} = 100\ \text{Pa} = 1\ \text{hPa}$ $1\ \text{N/mm}^2 = 100\ \text{N/cm}^2 = 1\,000\,000\ \text{N/m}^2 = 1\ \text{MPa}$ $1\ \text{N/mm}^2 = 10\ \text{bar}$
Arbeit, Energie, Wärmemenge				
	W, E, Q	Joule	J	$1\ \text{J} = 1\ \text{N} \cdot \text{m} = 1\ \text{W} \cdot \text{s} = 1\ \dfrac{\text{kg} \cdot \text{m}^2}{\text{s}^2}$ $1\ \text{kW} \cdot \text{h} = 3\,600\,000\ \text{W} \cdot \text{s}$ $1\ \text{kW} \cdot \text{h} = 3600\ \text{kJ} = 3{,}6 \cdot 10^6\ \text{J} = 3{,}6\ \text{MJ}$
Leistung, Wärmestrom				
	P, Φ	Watt	W	$1\ \text{W} = 1\ \text{J/s} = 1\ \dfrac{\text{N} \cdot \text{m}}{\text{s}} = 1\ \dfrac{\text{kg} \cdot \text{m}^2}{\text{s}^3}$ $1\ \text{W} = 1\ \text{V} \cdot \text{A}$ $1\ \text{kW} = 1000\ \text{W} = 1\ \text{kJ/s} = 1\ \dfrac{\text{kN} \cdot \text{m}}{\text{s}}\ (= 1{,}36\ \text{PS})$ $1\ \text{MW} = 1\,000\,000\ \text{W} = 10^6\ \text{W}$ $1\ \text{PS} = \dfrac{1}{1{,}36}\ \text{kW} = 0{,}736\ \text{kW}$

Größen und Einheiten

Zahlenwerte und Einheiten

Physikalische Größe

10 mm

Zahlenwert   Einheit

Physikalische Größen, z. B. 125 mm, bestehen aus einem
- **Zahlenwert** und aus einer
- **Einheit**, z. B. mm, kg

Sehr große oder sehr kleine Zahlenwerte lassen sich über Vorsatzzeichen als dezimale Vielfache oder Teile vereinfacht darstellen, z. B. 0,004 mm = 4 µm.

Dezimale Vielfache oder Teile von Einheiten

Vorsatz-Zeichen	Name	Zehner-potenz	Mathematische Bezeichnung	Beispiele
T	Tera	10^{12}	Billion	12 000 000 000 000 N = 12 · 10^{12} N = 12 TN (Tera-Newton)
G	Giga	10^9	Milliarde	45 000 000 000 W = 45 · 10^9 W = 45 GW (Giga-Watt)
M	Mega	10^6	Million	8 500 000 V = 8,5 · 10^6 V = 8,5 MV (Mega-Volt)
k	Kilo	10^3	Tausend	12 600 W = 12,6 · 10^3 W = 12,6 kW (Kilo-Watt)
h	Hekto	10^2	Hundert	500 l = 5 · 10^2 l = 5 hl (Hekto-Liter)
da	Deka	10^1	Zehn	32 N = 3,2 · 10^1 N = 3,2 daN (Deka-Newton)
–	–	10^0	Eins	1,5 m = 1,5 · 10^0 m
d	Dezi	10^{-1}	Zehntel	0,5 l = 5 · 10^{-1} l = 5 dl (Dezi-Liter)
c	Zenti	10^{-2}	Hundertstel	0,25 m = 25 · 10^{-2} m = 25 cm (Zenti-Meter)
m	Milli	10^{-3}	Tausendstel	0,375 A = 375 · 10^{-3} A = 375 mA (Milli-Ampere)
µ	Mikro	10^{-6}	Millionstel	0,000052 m = 52 · 10^{-6} m = 52 µm (Mikro-Meter)
n	Nano	10^{-9}	Milliardstel	0,000000075 m = 75 · 10^{-9} m = 75 nm (Nano-Meter)
p	Piko	10^{-12}	Billionstel	0,000000000006 F = 6 · 10^{-12} F = 6 pF (Pico-Farad)

Umrechnung von Einheiten

Berechnungen mit physikalischen Größen sind nur dann möglich, wenn sich ihre Einheiten jeweils auf eine Basis beziehen. Bei der Lösung von Aufgaben müssen Einheiten häufig auf Basiseinheiten umgerechnet werden, z. B. mm in m, s in h, mm² in m². Dies geschieht durch Umrechnungsfaktoren, die den Wert 1 (kohärente Einheiten) darstellen.

Umrechnungsfaktoren für Einheiten (Auszug)

Größe	Umrechnungsfaktoren	Größe	Umrechnungsfaktoren
Längen	$1 = \dfrac{10\ mm}{1\ cm} = \dfrac{1000\ mm}{1\ m} = \dfrac{1\ m}{1000\ mm} = \dfrac{1\ km}{1000\ m}$	Zeit	$1 = \dfrac{60\ min}{1\ h} = \dfrac{3600\ s}{1\ h} = \dfrac{60\ s}{1\ min} = \dfrac{1\ min}{60\ s}$
Flächen	$1 = \dfrac{100\ mm^2}{1\ cm^2} = \dfrac{100\ cm^2}{1\ dm^2} =$	Winkel	$1 = \dfrac{60'}{1°} = \dfrac{60''}{1'} = \dfrac{3600''}{1°} = \dfrac{1°}{60''}$
Volumen	$1 = \dfrac{1000\ mm^3}{1\ cm^3} = \dfrac{1000\ cm^3}{1\ dm^3} =$	Zoll	1 inch = 25,4 mm; 1 mm = $\dfrac{1}{25,4}$ inch

1. Beispiel:

Das Volumen V = 3416 mm³ ist in cm³ umzurechnen.

$$V = 3416\ mm^3 = \frac{1\ cm^3 \cdot 3416\ mm^3}{1000\ mm^3} = \frac{3416\ cm^3}{1000} = \mathbf{3,416\ cm^3}$$

2. Beispiel:

Die Winkelangabe α = 42° 16′ ist in Grad (°) auszudrücken.

$$\alpha = 42° + 16' \cdot \frac{1°}{60'} = 42° + \frac{16 \cdot 1°}{60} = 42° + 0,267° = \mathbf{42,267°}$$

Umstellen von Formeln

Umstellen von Formeln

Formeln und Zahlenwertgleichungen werden umgestellt, damit die gesuchte Größe allein auf der linken Seite der Gleichung steht. Dabei darf sich der Wert der linken und der rechten Formelseite nicht ändern.

Zur Rekonstruktion der einzelnen Schritte ist es sinnvoll, jeden Schritt rechts neben der Formel zu kennzeichnen:

$\vert \cdot t \rightarrow$ beide Formelseiten werden mit t multipliziert.

$\vert : F \rightarrow$ beide Formelseiten werden durch F dividiert.

Umstellung von Summen

Beispiel: Formel $L = l_1 + l_2$, Umstellung nach l_2

① $L = l_1 + l_2$	$\vert - l_1$	l_1 subtrahieren	③ $L - l_1 = l_2$		Seiten vertauschen
② $L - l_1 = l_1 + l_2 - l_1$		subtrahieren durchführen	④ $l_2 = L - l_1$		umgestellte Formel

Umstellung von Produkten

Beispiel: Formel $A = l \cdot b$, Umstellung nach l

① $A = l \cdot b$	$\vert : b$	dividieren durch b	③ $\dfrac{A}{b} = l$		Seiten vertauschen
② $\dfrac{A}{b} = \dfrac{l \cdot b}{b}$		kürzen mit b	④ $l = \dfrac{A}{b}$		umgestellte Formel

Umstellung von Brüchen

Beispiel: Formel $n = \dfrac{l}{l_1 + s}$, Umstellung nach s

① $n = \dfrac{l}{l_1 + s}$	$\vert \cdot (l_1 + s)$	mit $(l_1 + s)$ multiplizieren	④ $n \cdot l_1 - n \cdot l_1 + n \cdot s = l - n \cdot l_1$	$\vert : n$	subtrahieren dividieren durch n
② $n \cdot (l_1 + s) = \dfrac{l \cdot (l_1 + s)}{(l_1 + s)}$		rechte Formelseite kürzen Klammer auflösen	⑤ $\dfrac{s \cdot n}{n} = \dfrac{l - n \cdot l_1}{n}$		linke Formelseite kürzen mit n
③ $n \cdot l_1 + n \cdot s = l$	$\vert - n \cdot l_1$	$- n \cdot l_1$ subtrahieren	⑥ $s = \dfrac{l - n \cdot l_1}{n}$		umgestellte Formel

Umstellung von Wurzeln

Beispiel: Formel $c = \sqrt{a^2 + b^2}$, Umstellung nach a

① $c = \sqrt{a^2 + b^2}$	$\vert \,()^2$	Formel quadrieren	④ $a^2 = c^2 - b^2$	$\vert \sqrt{\ }$	Wurzelzeichen einfügen
② $c^2 = a^2 + b^2$	$\vert - b^2$	b^2 subtrahieren	⑤ $\sqrt{a^2} = \sqrt{c^2 - b^2}$		linke Formelseite radizieren
③ $c^2 - b^2 = a^2 + b^2 - b^2$		subtrahieren, Seite tauschen	⑥ $a = \sqrt{c^2 - b^2}$		umgestellte Formel

Winkelarten, Strahlensatz, Winkel im Dreieck, Satz des Pythagoras

Winkelarten

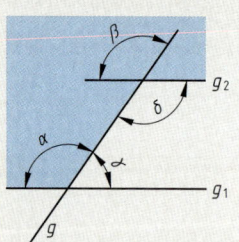

g	Gerade
g_1, g_2	parallele Geraden
α, β	Stufenwinkel
β, δ	Scheitelwinkel
α, δ	Wechselwinkel
α, γ	Nebenwinkel

Werden zwei Parallelen durch eine Gerade geschnitten, so bestehen unter den dabei gebildeten Winkeln geometrische Beziehungen.

Stufenwinkel
$$\alpha = \beta$$

Scheitelwinkel
$$\beta = \delta$$

Wechselwinkel
$$\alpha = \delta$$

Nebenwinkel
$$\alpha + \gamma = 180°$$

Strahlensatz

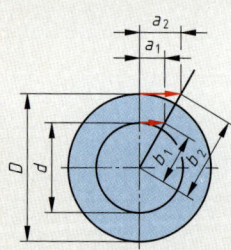

a_1, a_2	Abschnitte zweier Parallelen
b_1, b_2	Abschnitte einer Geraden
D, d	Abschnitte einer Geraden

Werden zwei Geraden durch zwei Parallelen geschnitten, so bilden die zugehörigen Strahlenabschnitte gleiche Verhältnisse.

Strahlensatz
$$\frac{a_1}{a_2} = \frac{b_1}{b_2} = \frac{\frac{d}{2}}{\frac{D}{2}}$$

$$\frac{a_1}{b_1} = \frac{a_2}{b_2} \qquad \frac{b_1}{d} = \frac{b_2}{D}$$

Winkelsumme im Dreieck

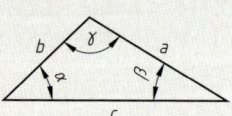

a, b, c	Dreieckseiten
α, β, γ	Winkel im Dreieck

In jedem Dreieck ist die Summe der Innenwinkel 180°.

Winkelsumme im Dreieck
$$\alpha + \beta + \gamma = 180°$$

Lehrsatz des Pythagoras

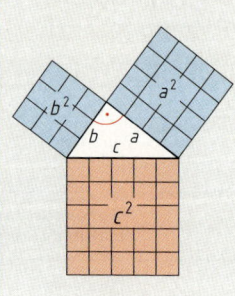

Im **rechtwinkligen Dreieck** ist das Hypotenusenquadrat flächengleich der Summe der beiden Kathetenquadrate.

a	Kathete	mm
b	Kathete	mm
c	Hypotenuse	mm

Quadrat über der Hypotenuse
$$c^2 = a^2 + b^2$$

Länge der Hypotenuse
$$c = \sqrt{a^2 + b^2}$$

Länge der Katheten
$$a = \sqrt{c^2 - b^2}$$
$$b = \sqrt{c^2 - a^2}$$

Winkelfunktionen

Winkelfunktionen im rechtwinkligen Dreieck

Bezeichnungen im rechtwinkligen Dreieck	Bezeichnungen der Seitenverhältnisse		Anwendung	
			für $\sphericalangle\, \alpha$	für $\sphericalangle\, \beta$
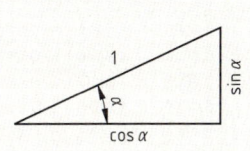 c Hypotenuse $\quad$ a Gegenkathete von α $\quad$ b Ankathete von α	**Sinus**	$= \dfrac{\text{Gegenkathete}}{\text{Hypotenuse}}$	$\sin \alpha = \dfrac{a}{c}$	$\sin \beta = \dfrac{b}{c}$
	Kosinus	$= \dfrac{\text{Ankathete}}{\text{Hypotenuse}}$	$\cos \alpha = \dfrac{b}{c}$	$\cos \beta = \dfrac{a}{c}$
c Hypotenuse $\quad$ a Ankathete von β $\quad$ b Gegenkathete von β	**Tangens**	$= \dfrac{\text{Gegenkathete}}{\text{Ankathete}}$	$\tan \alpha = \dfrac{a}{b}$	$\tan \beta = \dfrac{b}{a}$
	Kotangens	$= \dfrac{\text{Ankathete}}{\text{Gegenkathete}}$	$\cot \alpha = \dfrac{b}{a}$	$\cot \beta = \dfrac{a}{b}$

Beziehungen zwischen den Funktionen eines Winkels

	$\sin^2 \alpha + \cos^2 \alpha = 1$	$\tan \alpha \cdot \cot \alpha = 1$
(Dreieck mit Seiten 1, $\cos \alpha$, $\sin \alpha$, Winkel α)	$\tan \alpha = \dfrac{\sin \alpha}{\cos \alpha}$	$\cot \alpha = \dfrac{\cos \alpha}{\sin \alpha}$
	Arcus-Funktion[1] Schreibweise	**Beispiel**
	Arcus-Sinus asin, arcsin, $\sin^{-1}$	$\sin \alpha = 0{,}5 \rightarrow \arcsin 0{,}5 = 30°$ Winkel $\alpha = 30°$
Die Berechnung eines Winkels erfolgt mit der Arcus-Funktion[1] (Umkehrfunktion oder Inverse Funktion) aus der Winkelfunktion. Sie beschreibt die Weite eines Winkels in Grad (°) oder als Bogenmaß (rad).	Arcus-Cosinus acos, arccos, $\cos^{-1}$	$\cos \beta = 0{,}5 \rightarrow \arccos 0{,}5 = 60°$ Winkel $\beta = 60°$
	Arcus-Tangens atan, arctan, $\tan^{-1}$	$\tan \gamma = 1{,}0 \rightarrow \arctan 1{,}0 = 45°$ Winkel $\gamma = 45°$
	[1] lat. arcus: der Bogen	

Winkelfunktionen im schiefwinkligen Dreieck

Sinussatz

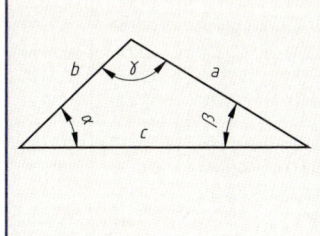

$a : b : c = \sin \alpha : \sin \beta : \sin \gamma$ $$\frac{a}{\sin \alpha} = \frac{b}{\sin \beta} = \frac{c}{\sin \gamma}$$	$a = \dfrac{b \cdot \sin \alpha}{\sin \beta} = \dfrac{c \cdot \sin \alpha}{\sin \gamma}$ $b = \dfrac{a \cdot \sin \beta}{\sin \alpha} = \dfrac{c \cdot \sin \beta}{\sin \gamma}$ $c = \dfrac{b \cdot \sin \gamma}{\sin \beta} = \dfrac{a \cdot \sin \gamma}{\sin \alpha}$

Kosinussatz

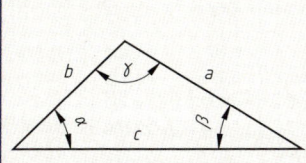

$a^2 = b^2 + c^2 - 2 \cdot b \cdot c \cdot \cos \alpha$ $b^2 = a^2 + c^2 - 2 \cdot a \cdot c \cdot \cos \beta$ $c^2 = a^2 + b^2 - 2 \cdot a \cdot b \cdot \cos \gamma$	$\cos \alpha = \dfrac{b^2 + c^2 - a^2}{2 \cdot bc}$ $\cos \beta = \dfrac{b^{a2} + c^2 - b^2}{2 \cdot ac}$ $\cos \gamma = \dfrac{a^2 + b^2 - c^2}{2 \cdot ab}$

Werte der Winkelfunktionen

Grad	sin	cos	tan	cot	Grad	sin	cos	tan	cot
0°	0,0000	1,0000	0,0000	∞	45°	0,7071	0,7071	1,0000	1,0000
1°	0,0175	0,9999	0,0175	57,290	46°	0,7193	0,6947	1,0355	0,9657
2°	0,0349	0,9994	0,0349	28,636	47°	0,7314	0,6820	1,0724	0,9325
3°	0,0523	0,9986	0,0524	19,081	48°	0,7431	0,6691	1,1106	0,9004
4°	0,0698	0,9976	0,0699	14,301	49°	0,7547	0,6561	1,1504	0,8693
5°	0,0872	0,9962	0,0875	11,430	50°	0,7660	0,6428	1,1918	0,8391
6°	0,1045	0,9945	0,1051	9,5144	51°	0,7771	0,6293	1,2349	0,8098
7°	0,1219	0,9925	0,1228	8,1443	52°	0,7880	0,6157	1,2799	0,7813
8°	0,1392	0,9903	0,1405	7,1154	53°	0,7986	0,6018	1,3270	0,7536
9°	0,1564	0,9877	0,1584	6,3138	54°	0,8090	0,5878	1,3764	0,7265
10°	0,1736	0,9848	0,1763	5,6713	55°	0,8192	0,5736	1,4281	0,7002
11°	0,1908	0,9816	0,1944	5,1446	56°	0,8290	0,5592	1,4826	0,6745
12°	0,2079	0,9781	0,2126	4,7046	57°	0,8387	0,5446	1,5399	0,6494
13°	0,2250	0,9744	0,2309	4,3315	58°	0,8480	0,5299	1,6003	0,6249
14°	0,2419	0,9703	0,2493	4,0108	59°	0,8572	0,5150	1,6643	0,6009
15°	0,2588	0,9659	0,2679	3,7321	60°	0,8660	0,5000	1,7321	0,5774
16°	0,2756	0,9613	0,2867	3,4874	61°	0,8746	0,4848	1,8040	0,5543
17°	0,2924	0,9563	0,3057	3,2709	62°	0,8829	0,4695	1,8807	0,5317
18°	0,3090	0,9511	0,3249	3,0777	63°	0,8910	0,4540	1,9626	0,5095
19°	0,3256	0,9455	0,3443	2,9042	64°	0,8988	0,4384	2,0503	0,4877
20°	0,3420	0,9397	0,3640	2,7475	65°	0,9063	0,4226	2,1445	0,4663
21°	0,3584	0,9336	0,3839	2,6051	66°	0,9135	0,4067	2,2460	0,4452
22°	0,3746	0,9272	0,4040	2,4751	67°	0,9205	0,3907	2,3559	0,4245
23°	0,3907	0,9205	0,4245	2,3559	68°	0,9272	0,3746	2,4751	0,4040
24°	0,4067	0,9135	0,4452	2,2460	69°	0,9336	0,3584	2,6051	0,3839
25°	0,4226	0,9063	0,4663	2,1445	70°	0,9397	0,3420	2,7475	0,3640
26°	0,4384	0,8988	0,4877	2,0503	71°	0,9455	0,3256	2,9042	0,3443
27°	0,4540	0,8910	0,5095	1,9626	72°	0,9511	0,3090	3,0777	0,3249
28°	0,4695	0,8829	0,5317	1,8807	73°	0,9563	0,2924	3,2709	0,3057
29°	0,4848	0,8746	0,5543	1,8040	74°	0,9613	0,2756	3,4874	0,2867
30°	0,5000	0,8660	0,5774	1,7321	75°	0,9659	0,2588	3,7321	0,2679
31°	0,5150	0,8572	0,6009	1,6643	76°	0,9703	0,2419	4,0108	0,2493
32°	0,5299	0,8480	0,6249	1,6003	77°	0,9744	0,2250	4,3315	0,2309
33°	0,5446	0,8387	0,6494	1,5399	78°	0,9781	0,2079	4,7046	0,2126
34°	0,5592	0,8290	0,6745	1,4826	79°	0,9816	0,1908	5,1446	0,1944
35°	0,5736	0,8192	0,7002	1,4281	80°	0,9848	0,1736	5,6713	0,1763
36°	0,5878	0,8090	0,7265	1,3764	81°	0,9877	0,1564	6,3138	0,1584
37°	0,6018	0,7986	0,7536	1,3270	82°	0,9903	0,1392	7,1154	0,1405
38°	0,6157	0,7880	0,7813	1,2799	83°	0,9925	0,1219	8,1443	0,1228
39°	0,6293	0,7771	0,8098	1,2349	84°	0,9945	0,1045	9,5144	0,1051
40°	0,6428	0,7660	0,8391	1,1918	85°	0,9962	0,0872	11,430	0,0875
41°	0,6561	0,7547	0,8693	1,1504	86°	0,9976	0,0698	14,301	0,0699
42°	0,6691	0,7431	0,9004	1,1106	87°	0,9986	0,0523	19,081	0,0524
43°	0,6820	0,7314	0,9325	1,0724	88°	0,9994	0,0349	28,636	0,0349
44°	0,6947	0,7193	0,9657	1,0355	89°	0,9999	0,0175	57,290	0,0175
45°	0,7071	0,7071	1,0000	1,0000	90°	1,0000	0,0000	∞	0,0000

Schlussrechnung, Prozentrechnung, Zinsrechnung

Schlussrechnung

Dreisatz für direkt proportionale Verhältnisse

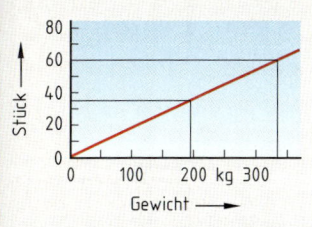

Beispiel:

60 Rohrkrümmer wiegen 330 kg. Wie groß ist das Gewicht von 35 Rohrkrümmern?

1. Satz: | Behauptung | 60 Rohrkrümmer wiegen 330 kg

2. Satz: | Berechnung der Einheit: durch Dividieren |

1 Rohrkrümmer wiegt $\dfrac{330\ \text{kg}}{60}$

3. Satz: | Berechnung der Mehrheit: durch Multiplizieren |

35 Rohrkrümmer wiegen $\dfrac{330\ \text{kg} \cdot 35}{60}$ = **192,5 kg**

Dreisatz für indirekt proportionale Verhältnisse

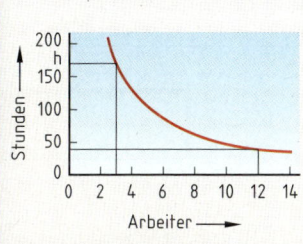

Beispiel:

3 Arbeiter benötigen für einen Auftrag 170 Stunden. Wie viele Stunden benötigen 12 Arbeiter für den gleichen Auftrag?

1. Satz: | Behauptung | 3 Arbeiter benötigen 170 Stunden

2. Satz: | Berechnung der Einheit: durch Multiplizieren |

1 Arbeiter benötigt $3 \cdot 170$ h

3. Satz: | Berechnung der Mehrheit: durch Dividieren |

12 Arbeiter benötigen $\dfrac{3 \cdot 170\ \text{h}}{12}$ = **42,5 h**

Prozentrechnung

Der **Prozentsatz** gibt an, wie viel Prozent gerechnet werden sollen.
Der **Grundwert** ist der Wert, von dem die Prozente zu rechnen sind.
Der **Prozentwert** ist der Betrag, den die Prozente des Grundwertes ergeben.

P_s Prozentsatz, Prozent %
P_w Prozentwert –
G_w Grundwert –

Prozentwert

$$P_w = \frac{G_w \cdot P_s}{100\%}$$

Zinsrechnung

K_0	Anfangskapital	EUR (€)	1 Zinsjahr (1 a) = 360 Tage (360 d)
K_t	Endkapital	EUR (€)	360 d = 12 Monate
Z	Zinsen	EUR (€)	1 Zinsmonat = 30 Tage
p	Zinssatz pro Jahr	%/a	
t	Laufzeit in Tagen, Verzinsungszeit	d	

Zins

$$Z = \frac{K_0 \cdot p \cdot t}{100\% \cdot 360}$$

Zinseszinsrechnung bei Einmalzahlung

K_0	Anfangskapital	EUR (€)	n	Laufzeit in Jahren	a
K_n	Endkapital	EUR (€)	q	Aufzinsungsfaktor	–
Z	Zinsen	EUR (€)	p	Zinssatz pro Jahr	%

Endkapital

$$K_n = K_0 \cdot q^n$$

Aufzinsungsfaktor

$$q = 1 + \frac{p}{100\%}$$

Längen

Teilung von Längen

Randabstand = Teilung

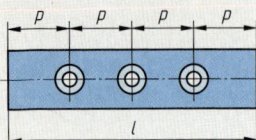

l	Gesamtlänge	mm
p	Teilung	mm
n	Anzahl der Bohrungen, Sägeschnitte …	–

Teilung

$$p = \frac{l}{n+1}$$

$$l = p \cdot (n + 1)$$

Randabstand ≠ Teilung

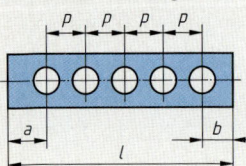

l	Gesamtlänge	mm
p	Teilung	mm
n	Anzahl der Bohrungen, Sägeschnitte …	–
a, b	Randabstände	mm

Teilung

$$p = \frac{l - (a + b)}{n - 1}$$

$$l = p \cdot (n-1) + a + b$$

$$n = \frac{l - (a + b)}{p} + 1$$

Trennen von Teilstücken

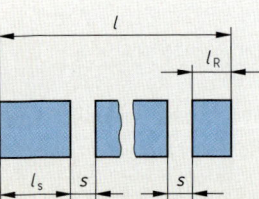

l	Stablänge	mm
l_s	Länge eines Teiles	mm
z	Anzahl der Teile	–
s	Breite der Sägeschnitte	mm
l_R	Restlänge	mm

Anzahl der Teile

$$z = \frac{l}{l_s + s}$$

$$l = z \cdot (l_s + s)$$

Restlänge

$$l_R = l - z \cdot (l_s + s)$$

Gestreckte Länge kreisförmiger Bauteile

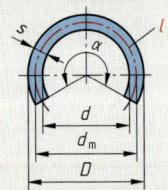

l	gestreckte Länge	mm
d	Innendurchmesser	mm
d_m	mittlerer Durchmesser	mm
D	Außendurchmesser	mm
α	Mittelpunktswinkel	°

Gestreckte Länge

$$l = \frac{\pi \cdot d_m \cdot \alpha}{360°}$$

$$d_m = \frac{D + d}{2}$$

Außendurchmesser von Vierkant- und Sechskant-Profilen

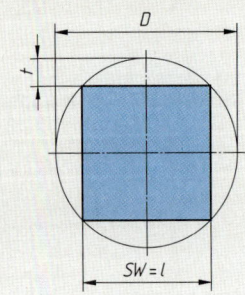

D	Außendurchmesser	mm
SW	Schlüsselweite	mm
t	Frästiefe	mm

Wellendurchmesser D	
4-kt	$D = \dfrac{SW}{\cos 45°}$
6-kt	$D = \dfrac{SW}{\cos 30°}$

Frästiefe t	
4-kt und 6-kt	$t = \dfrac{D - SW}{2}$

Flächen

Quadrat

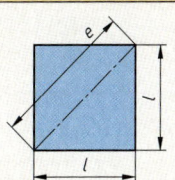

A	Fläche	mm²
l	Seitenlänge	mm
e	Eckenmaß	mm

Fläche

$$A = l^2$$

$$l = \sqrt{A}$$

Eckenmaß

$$e = \sqrt{2} \cdot l$$

Rhombus (Raute)

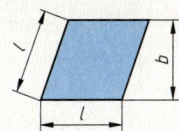

A	Fläche	mm²
l	Seitenlänge	mm
b	Breite	mm

Fläche

$$A = l \cdot b$$

$$l = \frac{A}{b}$$

Rechteck

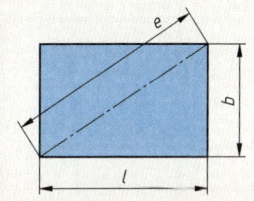

A	Fläche	mm²
l	Länge	mm
b	Breite	mm
e	Eckenmaß	mm

Fläche

$$A = l \cdot b$$

$$l = \frac{A}{b}$$

Eckenmaß

$$e = \sqrt{l^2 + b^2}$$

Rhomboid (Parallelogramm)

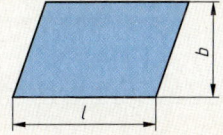

A	Fläche	mm²
l	Länge	mm
b	Breite	mm

Fläche

$$A = l \cdot b$$

$$l = \frac{A}{b}$$

Trapez

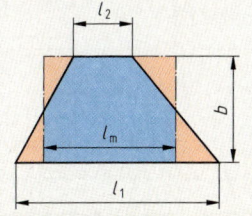

A	Fläche	mm²
l_1	große Länge	mm
l_2	kleine Länge	mm
l_m	mittlere Länge	mm
b	Breite	mm

Fläche

$$A = \frac{l_1 + l_2}{2} \cdot b$$

$$A = l_m \cdot b$$

Mittlere Länge

$$l_m = \frac{l_1 + l_2}{2}$$

Dreieck

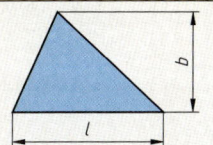

A	Fläche	mm²
l	Seitenlänge	mm
b	Breite	mm

Fläche

$$A = \frac{l \cdot b}{2}$$

$$l = \frac{2 \cdot A}{b} \qquad b = \frac{2 \cdot A}{l}$$

Flächen

Gleichseitiges Dreieck

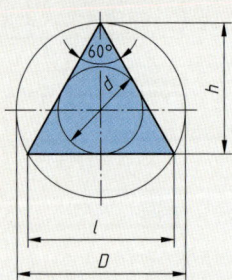

A   Fläche   mm²
l   Seitenlänge   mm
D   Durchmesser
    des Umkreises   mm
d   Durchmesser
    des Inkreises   mm
h   Höhe   mm

Durchmesser des Umkreises

$$D = \frac{2}{3} \cdot \sqrt{3} \cdot l = 2 \cdot d$$

Fläche

$$A = \frac{1}{4} \cdot \sqrt{3} \cdot l^2$$

Durchmesser des Inkreises

$$d = \frac{1}{3} \cdot \sqrt{3} \cdot l = \frac{D}{2}$$

Höhe

$$h = \frac{1}{2} \cdot \sqrt{3} \cdot l$$

Regelmäßiges Vieleck

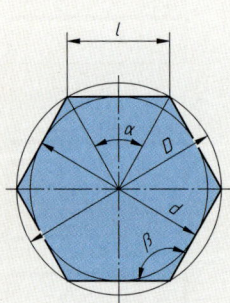

A   Fläche   mm²
l   Seitenlänge   mm
D   Durchmesser
    des Umkreises   mm
d   Durchmesser
    des Inkreises   mm
n   Eckenzahl   –
α   Mittelpunkts-
    winkel   °
β   Eckenwinkel   °

Mittelpunktswinkel

$$\alpha = \frac{360°}{n}$$

Fläche

$$A = \frac{n \cdot l \cdot d}{4}$$

Eckenwinkel

$$\beta = 180° - \alpha$$

Seitenlänge

$$l = D \cdot \sin\left(\frac{180°}{n}\right)$$

Durchmesser des Inkreises

$$d = \sqrt{D^2 - l^2}$$

Kreis

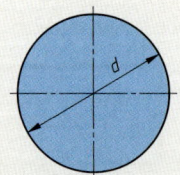

A   Fläche   mm²
d   Durchmesser   mm
U   Umfang   mm

Umfang

$$U = \pi \cdot d$$

$$d = \frac{U}{\pi}$$

Fläche

$$A = \frac{\pi \cdot d^2}{4}$$

$$d = \sqrt{\frac{4 \cdot A}{\pi}}$$

Kreisausschnitt

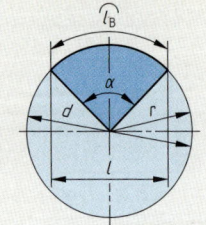

A   Fläche   mm²
d   Durchmesser   mm
l_B Bogenlänge   mm
l   Sehnenlänge   mm
r   Radius   mm
α   Mittelpunkts-
    winkel   °

Sehnenlänge

$$l = 2 \cdot r \cdot \sin\frac{\alpha}{2}$$

Bogenlänge

$$l_B = \frac{\pi \cdot r \cdot \alpha}{180°}$$

Fläche

$$A = \frac{\pi \cdot d^2}{4} \cdot \frac{\alpha}{360°}$$

$$A = \frac{l_B \cdot r}{2}$$

Flächen

Kreisabschnitt

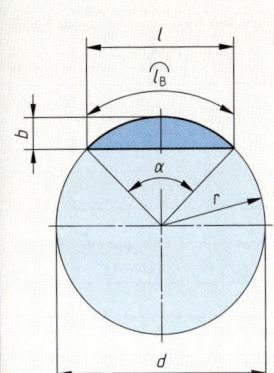

A	Fläche	mm²
d	Durchmesser	mm
r	Radius	mm
l_B	Bogenlänge	mm
l	Sehnenlänge	mm
b	Breite	mm
α	Mittelpunkts-winkel	°

Fläche

$$A = \frac{\pi \cdot d^2}{4} \cdot \frac{\alpha}{360°} - \frac{l \cdot (r-b)}{2}$$

$$A = \frac{l_B \cdot r - l \cdot (r-b)}{2}$$

Bogenlänge

$$l_B = \frac{\pi \cdot r \cdot \alpha}{180°}$$

Breite

$$b = \frac{l}{2} \cdot \tan\frac{\alpha}{4}$$

$$b = r - \sqrt{r^2 - \frac{l^2}{4}}$$

Sehnenlänge

$$l = 2 \cdot r \cdot \sin\frac{\alpha}{2}$$

$$l = 2 \cdot \sqrt{b \cdot (2 \cdot r - b)}$$

Radius

$$r = \frac{b}{2} + \frac{l^2}{8 \cdot b}$$

Kreisring

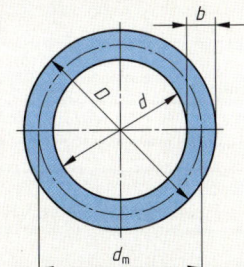

A	Fläche	mm²
D	Außen-durchmesser	mm
d	Innen-durchmesser	mm
d_m	mittlerer Durchmesser	mm
b	Breite	mm

Fläche

$$A = \pi \cdot d_m \cdot b$$

$$A = \frac{\pi}{4} \cdot (D^2 - d^2)$$

$$D = \sqrt{\frac{4 \cdot A}{\pi} + d^2}$$

Kreisringausschnitt

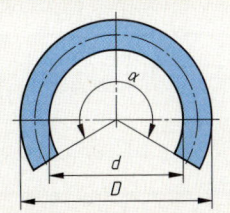

A	Fläche	mm²
D	Außen-durchmesser	mm
d	Innen-durchmesser	mm
α	Mittelpunkts-winkel	°

Fläche

$$A = \frac{\pi \cdot \alpha}{4 \cdot 360°} \cdot (D^2 - d^2)$$

Zusammengesetzte Flächen

Beispiel: 3 Teilflächen

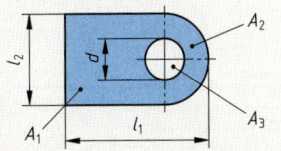

Die Gesamtfläche erhält man durch Addieren bzw. Subtrahieren der Teilflächen.

A	Gesamtfläche	mm²
A_1, A_2, A_3	Teilflächen	mm²
l_1, l_2	Längen	mm
d	Durchmesser	mm

Gesamtfläche

$$A = A_1 + A_2 - A_3$$

Volumen, Oberfläche

Würfel

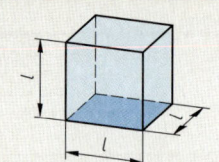

V	Volumen	mm³
A_O	Oberfläche	mm²
l	Seitenlänge	mm

Volumen
$$V = l^3$$

Oberfläche
$$A_O = 6 \cdot l^2$$

$$l = \sqrt[3]{V}$$

$$l = \sqrt{\frac{A_O}{6}}$$

Vierkantprisma, Quader

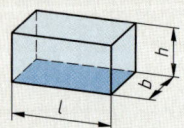

V	Volumen	mm³
A_O	Oberfläche	mm²
l	Seitenlänge	mm
h	Höhe	mm
b	Breite	mm

Volumen
$$V = l \cdot b \cdot h$$

Oberfläche
$$A_O = 2 \cdot (l \cdot b + l \cdot h + b \cdot h)$$

Zylinder

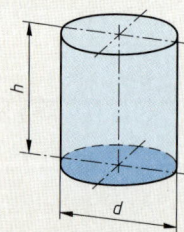

V	Volumen	mm³
A_O	Oberfläche	mm²
A_M	Mantelfläche	mm²
d	Durchmesser	mm
h	Höhe	mm

Volumen
$$V = \frac{\pi \cdot d^2}{4} \cdot h$$

Mantelfläche
$$A_M = \pi \cdot d \cdot h$$

Oberfläche
$$A_O = \pi \cdot d \cdot h + 2 \cdot \frac{\pi \cdot d^2}{4}$$

Hohlzylinder

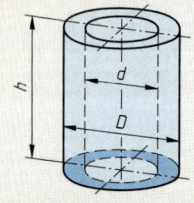

V	Volumen	mm³
A_O	Oberfläche	mm²
D, d	Durchmesser	mm
h	Höhe	mm

Volumen
$$V = \frac{\pi \cdot h}{4} \cdot (D^2 - d^2)$$

Oberfläche
$$A_O = \pi \cdot (D + d) \cdot \left[\frac{1}{2} \cdot (D - d) + h \right]$$

Pyramide

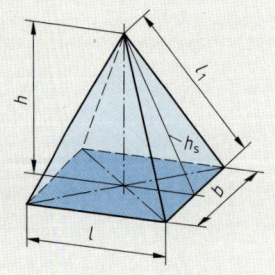

V	Volumen	mm³
h	Höhe	mm
h_s	Mantelhöhe	mm
l	Seitenlänge	mm
l_1	Kantenlänge	mm
b	Breite	mm

Volumen
$$V = \frac{l \cdot b \cdot h}{3}$$

Kantenlänge
$$l_1 = \sqrt{h_s^2 + \frac{b^2}{4}}$$

Mantelhöhe
$$h_s = \sqrt{h^2 + \frac{l^2}{4}}$$

Volumen, Oberfläche

Pyramidenstumpf

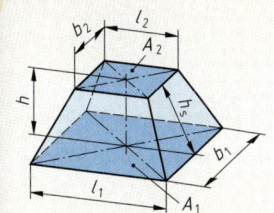

V	Volumen	mm³
A_1	Grundfläche	mm²
A_2	Deckfläche	mm²
h	Höhe	mm
h_s	Mantelhöhe	mm
l_1, l_2	Seitenlänge	mm
b_1, b_2	Breite	mm

Volumen

$$V = \frac{h}{3} \cdot \left(A_1 + A_2 + \sqrt{A_1 \cdot A_2}\right)$$

Mantelhöhe

$$h_s = \sqrt{h^2 + \left(\frac{l_1 - l_2}{2}\right)^2}$$

Kegel

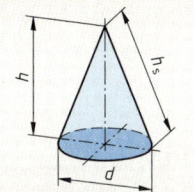

V	Volumen	mm³
A_M	Mantelfläche	mm²
d	Durchmesser	mm
h	Höhe	mm
h_s	Mantelhöhe	mm

Volumen

$$V = \frac{\pi \cdot d^2}{4} \cdot \frac{h}{3}$$

Mantelfläche

$$A_M = \frac{\pi \cdot d \cdot h_s}{2}$$

Mantelhöhe

$$h_s = \sqrt{\frac{d^2}{4} + h^2}$$

Kegelstumpf

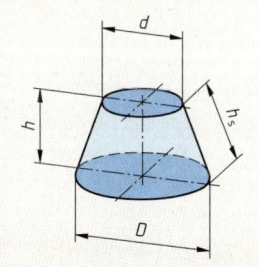

V	Volumen	mm³
A_M	Mantelfläche	mm²
D	großer Durchmesser	mm
d	kleiner Durchmesser	mm
h	Höhe	mm
h_s	Mantelhöhe	mm

Volumen

$$V = \frac{\pi \cdot h}{12} \cdot (D^2 + d^2 + D \cdot d)$$

Mantelfläche

$$A_M = \frac{\pi \cdot h_s}{2} \cdot (D + d)$$

Mantelhöhe

$$h_s = \sqrt{h^2 + \left(\frac{D - d}{2}\right)^2}$$

Kugel

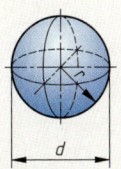

V	Volumen	mm³
A_O	Oberfläche	mm²
d	Kugeldurchmesser	mm

Volumen

$$V = \frac{\pi \cdot d^3}{6}$$

Oberfläche

$$A_O = \pi \cdot d^2$$

Kugelabschnitt

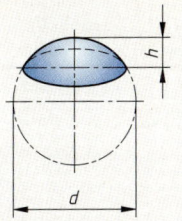

V	Volumen	mm³
A_M	Mantelfläche	mm²
A_O	Oberfläche	mm²
d	Kugeldurchmesser	mm
d_1	kleiner Durchmesser	mm
h	Höhe	mm

Volumen

$$V = \pi \cdot h^2 \cdot \left(\frac{d}{2} - \frac{h}{3}\right)$$

Oberfläche

$$A_O = \pi \cdot h \cdot (2 \cdot d - h)$$

Mantelfläche

$$A_M = \pi \cdot d \cdot h$$

Volumen, Masse

Volumen zusammengesetzter Körper

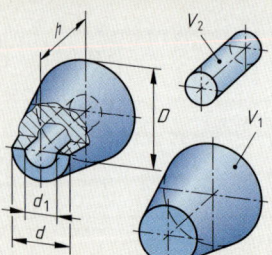

Zusammengesetzte Körper werden zur Berechnung des Gesamtvolumens in Teilvolumen zerlegt.

V Gesamtvolumen   mm³
V_1, V_2, V_3 ...   Teilvolumen   mm³

Gesamtvolumen

$$V = V_1 + V_2 + \dots - V_3 - V_4$$

Masse, allgemein

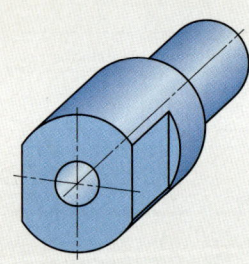

Die Masse eines Körpers wird aus seinem Volumen und seiner Dichte berechnet.

m Masse   kg
V Volumen   dm³
ϱ Dichte   kg/dm³

Umrechnung der Einheiten:

$$1\,\frac{t}{m^3} = 1\,\frac{kg}{dm^3} = 1\,\frac{g}{cm^3} = 1\,\frac{mg}{mm^3}$$

Werte für die Dichte siehe Tabellenbuch.

Masse

$$m = V \cdot \varrho$$

$$V = \frac{m}{\varrho}$$

Längenbezogene Masse

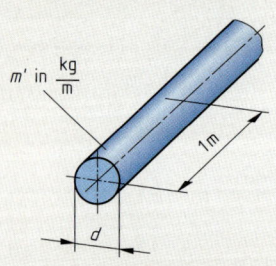

Die Masse von Profilen, Rohren oder Drähten kann auch mithilfe von Tabellenwerten für die längenbezogene Masse m' berechnet werden.

m Masse   kg
m' längenbezogene Masse   kg/m
l Länge   m

Werte für die längenbezogene Masse m' siehe Tabellenbuch.

Masse

$$m = m' \cdot l$$

$$m' = \frac{m}{l}$$

Flächenbezogene Masse

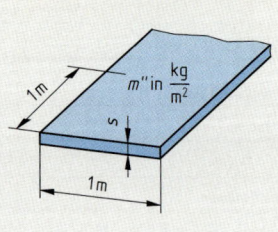

Die Masse von Blechen, Folien oder Belägen kann auch mithilfe von Tabellenwerten für die flächenbezogene Masse m" berechnet werden.

m Masse   kg
m'' flächenbezogene Masse   kg/m²
A Fläche   m²

Werte für die flächenbezogene Masse m" siehe Tabellenbuch.

Masse

$$m = m'' \cdot A$$

$$m'' = \frac{m}{A}$$

Konstante Bewegung, beschleunigte und verzögerte Bewegung

Konstante Bewegung

Geradlinige Bewegung

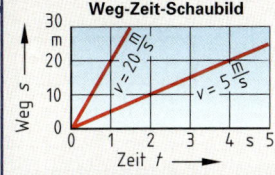

Weg-Zeit-Schaubild

v	Geschwindigkeit	m/s
s	Weg	m
t	Zeit	s

$$1\,\frac{m}{min} = \frac{1}{60}\,\frac{m}{s} = 0,06\,\frac{km}{h}$$

$$1\,\frac{m}{s} = 60\,\frac{m}{min} = 3,6\,\frac{km}{h}$$

Geschwindigkeit

$$v = \frac{s}{t}$$

$$t = \frac{s}{v} \qquad s = v \cdot t$$

Kreisförmige Bewegung

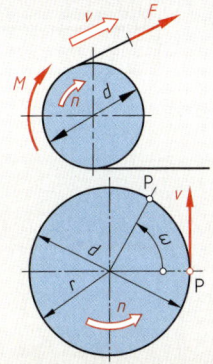

v	Umfangsgeschwindigkeit	m/s
ω	Winkelgeschwindigkeit	1/s
n	Drehzahl, Drehfrequenz	1/s
r	Radius	m
d	Durchmesser	m

Drehzahl

$$\frac{1}{min} = \frac{1}{60\,s}; \qquad \frac{1}{s} = \frac{60}{min}$$

Umfangsgeschwindigkeit

$$1\,\frac{m}{min} = \frac{1}{60}\,\frac{m}{s}$$

$$1\,\frac{m}{s} = 60\,\frac{m}{min}$$

Umfangs-geschwindigkeit

$$v = \pi \cdot d \cdot n$$

$$v = \omega \cdot r$$

$$d = \frac{v}{\pi \cdot n} \qquad n = \frac{v}{\pi \cdot d}$$

Winkelgeschwindigkeit

$$\omega = 2 \cdot \pi \cdot n$$

$$n = \frac{\omega}{2 \cdot \pi}$$

Beschleunigte und verzögerte Bewegung

Geradlinig beschleunigte Bewegung

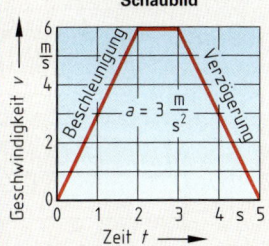

Geschwindigkeit-Zeit-Schaubild

Die Zunahme der Geschwindigkeit je Zeiteinheit heißt Beschleunigung, die Abnahme Verzögerung.

Die Formeln gelten für die Beschleunigung aus dem Stillstand oder die Verzögerung bis zum Stillstand.

v	Endgeschwindigkeit bei Beschleunigung oder Anfangsgeschwindigkeit bei Verzögerung	m/s
s	Beschleunigungs- oder Verzögerungsweg	m
a	Beschleunigung oder Verzögerung	m/s²
t	Beschleunigungs- oder Verzögerungszeit	s
g	Fallbeschleunigung	m/s²

Der freie Fall ist eine gleichmäßig beschleunigte Bewegung, bei der die Fallbeschleunigung g wirksam ist.

$$g = 9,81\,\frac{m}{s^2} \approx 10\,\frac{m}{s^2}$$

End- oder Anfangsgeschwindigkeit

$$v = a \cdot t$$

$$v = \sqrt{2 \cdot a \cdot s}$$

$$a = \frac{v}{t} \qquad t = \frac{v}{a}$$

$$a = \frac{v^2}{2 \cdot s} \qquad s = \frac{v^2}{2 \cdot a}$$

Beschleunigungs- oder Verzögerungsweg

$$s = \frac{1}{2} \cdot v \cdot t$$

$$s = \frac{1}{2} \cdot a \cdot t^2$$

$$v = \frac{2 \cdot s}{t} \qquad t = \frac{2 \cdot s}{v}$$

$$a = \frac{2 \cdot s}{t^2} \qquad t = \sqrt{\frac{2 \cdot s}{a}}$$

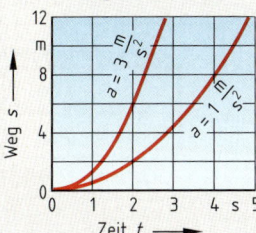

Weg-Zeit-Schaubild

Geschwindigkeit an Maschinen

Vorschubgeschwindigkeit

Drehen, Bohren

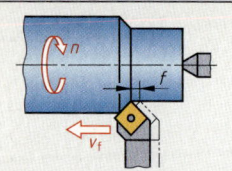

v_f	Vorschubgeschwindigkeit	mm/min
f	Vorschub	mm
n	Drehzahl	1/min

Vorschubgeschwindigkeit

$$v_f = n \cdot f$$

$$f = \frac{v_f}{n}$$

Fräsen

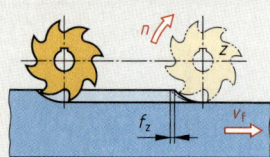

v_f	Vorschubgeschwindigkeit	mm/min
f_z	Vorschub je Schneide	mm
n	Drehzahl	1/min
z	Anzahl der Schneiden	–

Vorschubgeschwindigkeit

$$v_f = n \cdot f_z \cdot z$$

$$f_z = \frac{v_f}{n \cdot z}$$

Schleifen

Längsrundschleifen

v_f	Vorschubgeschwindigkeit	mm/min
d_1	Durchmesser des Werkstücks	mm
n	Drehzahl des Werkstücks	1/min

Vorschubgeschwindigkeit

$$v_f = \pi \cdot d_1 \cdot n$$

$$n = \frac{v_f}{\pi \cdot d_1}$$

Planschleifen

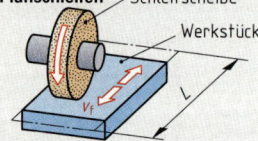

v_f	Vorschubgeschwindigkeit	mm/min
L	Vorschubweg	mm
n_H	Hubzahl (Einzelhübe)	1/min

Vorschubgeschwindigkeit

$$v_f = L \cdot n_H$$

$$n_H = \frac{v_f}{L}$$

Gewindetrieb

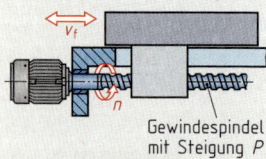

v_f	Vorschubgeschwindigkeit	mm/min
P	Gewindesteigung	mm
n	Drehzahl der Gewindespindel	1/min

Vorschubgeschwindigkeit

$$v_f = n \cdot P$$

$$n = \frac{v_f}{P}$$

Zahnstangentrieb

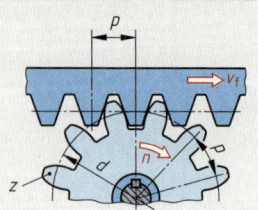

v_f	Vorschubgeschwindigkeit	mm/min
z	Zähnezahl des Ritzels	–
p	Zahnteilung	mm
n	Drehzahl des Ritzels	1/min
d	Teilkreisdurchmesser des Ritzels	mm

Vorschubgeschwindigkeit

$$v_f = n \cdot z \cdot p$$

$$v_f = \pi \cdot d \cdot n$$

$$n = \frac{v_f}{p \cdot z} \qquad n = \frac{v_f}{\pi \cdot d}$$

Geschwindigkeit an Maschinen, Kräfte

Schnittgeschwindigkeit

Drehen

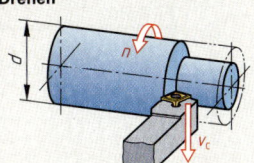

v_c	Schnittgeschwindigkeit	m/min
n	Drehzahl	1/min
d	Durchmesser (Drehen)	m
	Scheibendurchmesser (Schleifen)	
	Bohrerdurchmesser (Bohren)	
	Fräserdurchmesser (Fräsen)	

Schnittgeschwindigkeit

$$v_c = \pi \cdot d \cdot n$$

$$n = \frac{v_c}{\pi \cdot d} \qquad d = \frac{v_c}{\pi \cdot n}$$

Umfangsgeschwindigkeit

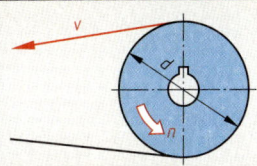

v	Umfangsgeschwindigkeit	m/min
n	Drehzahl	1/min
d	Durchmesser	m

Umfangsgeschwindigkeit

$$v = \pi \cdot d \cdot n$$

$$n = \frac{v}{\pi \cdot d} \qquad d = \frac{v}{\pi \cdot n}$$

Kräfte

Darstellen von Kräften

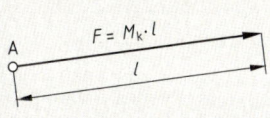

F	Kraft	N
l	Pfeillänge	mm
M_k	Kräftemaßstab	N/mm

Die Einheit der Kraft ist 1 Newton (1 N).

$$1\,N = 1\,kg \cdot 1\,\frac{m}{s^2} = 1\,\frac{kg \cdot m}{s^2}$$

Pfeillänge

$$l = \frac{F}{M_k}$$

$$M_k = \frac{F}{l} \qquad F = M_k \cdot l$$

Addieren von Kräften auf gleicher Wirkungslinie

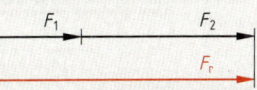

F_1, F_2	Teilkräfte	N
F_r	Resultierende	N

Resultierende

$$F_r = F_1 + F_2$$

Subtrahieren von Kräften auf gleicher Wirkungslinie

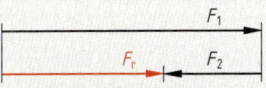

F_1, F_2	Teilkräfte	N
F_r	Resultierende	N

Resultierende

$$F_r = F_1 - F_2$$

Grafisches Zusammensetzen von Kräften, deren Wirkungslinien sich schneiden

Beispiel: Spannseile

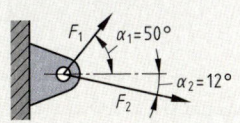

F_1, F_2	Teilkräfte	N
F_r	Resultierende	N
α_1, α_2	Winkel der Teilkräfte	°
α_r	Winkel der Resultierenden	°
l_r	Pfeillänge der Resultierenden	mm
M_k	Kräftemaßstab	N/mm

Resultierende

$$F_r = M_k \cdot l$$

Kräfteplan

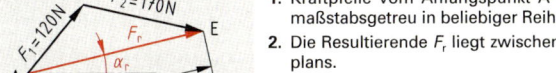

Arbeitsschritte:
1. Kraftpfeile vom Anfangspunkt A bis zum Endpunkt E winkel- und maßstabsgetreu in beliebiger Reihenfolge aneinander fügen.
2. Die Resultierende F_r liegt zwischen den Punkten A und E des Kräfteplans.
3. Betrag der Resultierenden F_r aus l_r und M_k berechnen und Winkellage von F_r ausmessen.

Kräfte

Grafisches Zerlegen einer Kraft in zwei Teilkräfte

Beispiel: schiefe Ebene

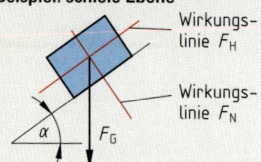

Kräfteplan

F_G	Kraft, Gewichtskraft	N
F_N, F_H	Teilkräfte, Normalkraft, Hangabtriebskraft	N
α	Neigungswinkel	°
l_1, l_2	Pfeillängen	mm
M_k	Kräftemaßstab	N/mm

Arbeitsschritte:

1. Bekannte Kraft F (= F_G) winkel- und maßstabsgetreu darstellen und Wirkungslinien der gesuchten Teilkräfte durch A und E legen. Diese schneiden sich im Punkt S. Der Linienzug ASE bildet den Kräfteplan.
2. Die Teilkräfte liegen zwischen AS und SE.
3. Beträge der Teilkräfte aus l_1, l_2 und M_k berechnen.

Teilkräfte

$$F_1 = M_k \cdot l_1$$

$$F_2 = M_k \cdot l_2$$

Gewichtskraft

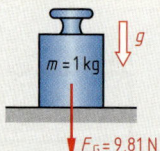

F_G	Gewichtskraft	N
m	Masse	kg
g	Fallbeschleunigung	m/s²

$$g = 9{,}81\,\frac{m}{s^2} \approx 10\,\frac{m}{s^2}$$

Gewichtskraft

$$F_G = m \cdot g$$

$$m = \frac{F_G}{g}$$

Kräfte bei Beschleunigung und Verzögerung

F	Beschleunigungskraft	N
m	Masse	kg
a	Beschleunigung oder Verzögerung	m/s²

$$1\,\frac{m}{s^2} = \frac{1\,m/s}{1\,s}$$

Beschleunigungskraft

$$F = m \cdot a$$

$$a = \frac{F}{m} \qquad m = \frac{F}{a}$$

Federkraft

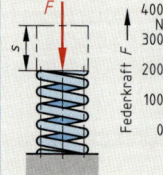

F	Federkraft	N
R	Federrate	N/mm
s	Federweg	mm

Federkraft

$$F = R \cdot s$$

$$R = \frac{F}{s} \qquad s = \frac{F}{R}$$

Fliehkraft

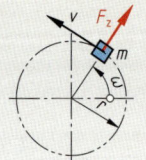

F_z	Fliehkraft	N
m	Masse	kg
r	Radius	m
ω	Winkelgeschwindigkeit	1/s
v	Umfangsgeschwindigkeit	m/s

Umfangsgeschwindigkeit: Seite 17, 19

Fliehkraft

$$F_z = m \cdot r \cdot \omega^2$$

$$F_z = \frac{m \cdot v^2}{r}$$

Hebel und Drehmoment

Hebel und Drehmoment

einseitiger Hebel

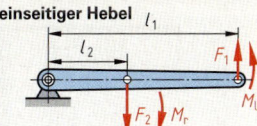

zweiseitiger Hebel

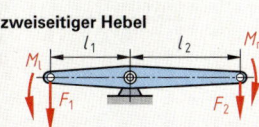

Winkelhebel

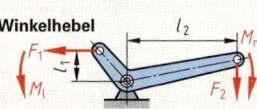

M	Drehmoment	$N \cdot m$
l	wirksame Hebellänge	m
F	Kraft	N
ΣM_l	Summe aller linksdrehenden Momente	$N \cdot m$
ΣM_r	Summe aller rechtsdrehenden Momente	$N \cdot m$

Die wirksame Hebellänge l ist der rechtwinklige Abstand zwischen dem Drehpunkt des Hebels und der Wirkungslinie der Kraft. Bei scheibenförmigen drehbaren Teilen entspricht die Hebellänge dem Radius r.

Drehmoment

$$M = F \cdot l$$

$$F = \frac{M}{l} \qquad l = \frac{M}{F}$$

Hebelgesetz

$$\Sigma M_l = \Sigma M_r$$

Hebelgesetz bei nur 2 Kräften

$$F_1 \cdot l_1 = F_2 \cdot l_2$$

$$F_1 = \frac{F_2 \cdot l_2}{l_1} \; ; \; F_2 = \frac{F_1 \cdot l_1}{l_2}$$

Lagerkräfte

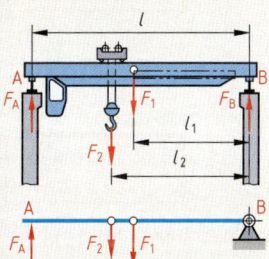

Zur Berechnung der Lagerkräfte nimmt man einen der Auflagerpunkte als Drehpunkt (z. B. im Lager B) an und berechnet die Lagerkraft an dem anderen Auflagerpunkt (z. B. im Lager A).

F_A, F_B	Lagerkräfte	N
F_1, F_2	Kräfte	N
l, l_1, l_2	wirksame Hebellängen	m

Lagerkraft in A

$$F_A = \frac{F_1 \cdot l_1 + F_2 \cdot l_2 \ldots}{l}$$

$$F_A + F_B = F_1 + F_2 \ldots$$

$$F_B = F_1 + F_2 \ldots - F_A$$

Drehmoment bei Zahnrädertrieben

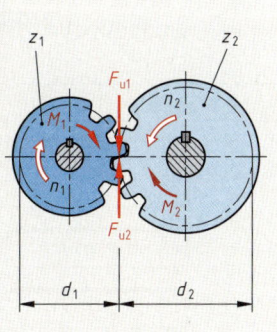

treibendes Rad:

F_{u1}	Umfangskraft	N
M_1	Drehmoment	$N \cdot m$
d_1	Teilkreisdurchmesser	m
z_1	Zähnezahl	–
n_1	Drehzahl	1/min

getriebenes Rad:

F_{u2}	Umfangskraft	N
M_2	Drehmoment	$N \cdot m$
d_2	Teilkreisdurchmesser	m
z_2	Zähnezahl	–
n_2	Drehzahl	1/min

Für beide Räder:

i	Übersetzungsverhältnis (Seite 38)	–

Drehmoment

$$M_1 = \frac{F_{u1} \cdot d_1}{2}$$

$$M_2 = \frac{F_{u2} \cdot d_2}{2}$$

$$M_2 = i \cdot M_1$$

$$\frac{M_2}{M_1} = \frac{z_2}{z_1}$$

$$\frac{M_2}{M_1} = \frac{n_1}{n_2}$$

$$M_1 = \frac{M_2 \cdot z_1}{z_2}$$

$$M_2 = \frac{M_1 \cdot z_2}{z_1}$$

Arbeit, Energie, Einfache Maschinen

Mechanische Arbeit, Hubarbeit und Reibungsarbeit

Hubarbeit

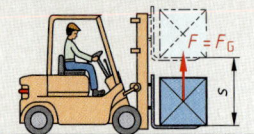

Reibungsarbeit

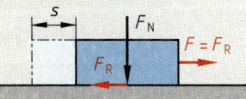

Arbeit wird verrichtet, wenn eine Kraft längs eines Weges wirkt.

F	Kraft in Wegrichtung	N
F_G	Gewichtskraft	N
F_R	Reibungskraft	N
F_N	Normalkraft	N
W	Arbeit	J
s	Kraftweg	m
s, h	Hubhöhe	m

$$1\ J = 1\ N \cdot 1\ m = 1\ W \cdot s = 1\ \frac{kg \cdot m^2}{s^2}$$

Reibungskraft: Seite 23

Arbeit

$$W = F \cdot s$$

$$F = \frac{W}{s} \qquad s = \frac{W}{F}$$

Hubarbeit

$$W = F_G \cdot h$$

$$F_G = \frac{W}{h} \qquad h = \frac{W}{F_G}$$

Reibungsarbeit

$$W = \mu \cdot F_N \cdot s$$

Potenzielle Energie

Lageenergie

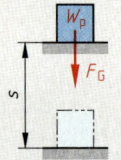

Federenergie

$R = \dfrac{F}{s}$

Potenzielle Energie ist gespeicherte Arbeit (Lageenergie, Federenergie).

W_p	potenzielle Energie	J
F_G	Gewichtskraft	N
F	Federkraft	N
R	Federrate	N/m
s, h	Weg, Hub- oder Fallhöhe, Federweg	m

$1\ N/mm = 1000\ N/m$

Lageenergie

$$W_p = F_G \cdot s$$

$$F = \frac{W_p}{s} \qquad s = \frac{W_p}{F}$$

Federenergie

$$W_p = \frac{R \cdot s^2}{2}$$

Kinetische Energie

Kinetische Energie ist Energie der Bewegung.

W_k	kinetische Energie	J
v	Geschwindigkeit	m/s
m	Masse	kg

Kinetische Energie

$$W_k = \frac{m \cdot v^2}{2}$$

$$m = \frac{2 \cdot W_k}{v^2}; \quad v = \sqrt{\frac{2 \cdot W_k}{m}}$$

Flaschenzug[1]

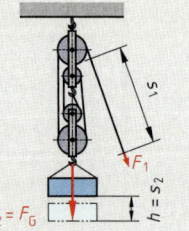

F_1	aufgewendete Kraft	N
s_1	Weg der Kraft F_1	m
F_G	Gewichtskraft	N
h	Hubhöhe	m
n	Anzahl der tragenden Seilstränge $\hat{=}$ Anzahl der Rollen	–
W_2	abgegebene Arbeit	J

$$F_1 = \frac{F_G}{n}$$

$$s_1 = n \cdot h$$

$$W_2 = F_G \cdot h$$

[1] Die Formeln gelten für den reibungsfreien Zustand. Bei diesem ist die aufgewendete Arbeit W_1 gleich der abgegebenen Arbeit W_2, d.h. was an Kraft gewonnen wird, geht an Weg verloren.

Einfache Maschinen, Reibung

Keil[1]

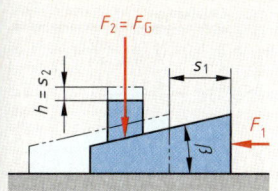

F_1	aufgewendete Kraft	N
F_2	abgegebene Kraft	N
s_1	Weg der Kraft F_1	mm
h	Hubhöhe	mm
β	Neigungswinkel	°
W_2	abgegebene Arbeit	N·mm

$$F_1 \cdot s_1 = F_2 \cdot h$$

$$F_2 = \frac{F_1}{\tan \beta}$$

$$h = s_1 \cdot \tan \beta$$

$$W_2 = F_2 \cdot h$$

Schraube[1]

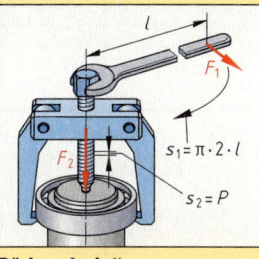

W_1	aufgewendete Arbeit	N·mm
W_2	abgegebene Arbeit	N·mm
F_1	aufgewendete Kraft	N
F_2	abgegebene Kraft	N
s_1	Weg der Kraft F_1	mm
l	Hebellänge	mm
P	Gewindesteigung	mm

Die Berechnung wird stets für eine volle Umdrehung (360°) durchgeführt.

$$F_1 \cdot 2 \cdot \pi \cdot l = F_2 \cdot P$$

$$s_1 = 2 \cdot \pi \cdot l$$

$$W_1 = F_1 \cdot 2 \cdot \pi \cdot l$$

$$W_2 = F_2 \cdot P$$

Räderwinde[1]

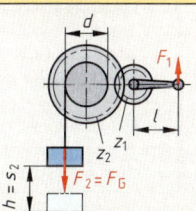

F_1	aufgewendete Kraft	N
F_G	Gewichtskraft	N
l	Kurbellänge	m
h	Hubhöhe	m
d	Trommeldurchmesser	m
i	Übersetzungsverhältnis	–
W_2	abgegebene Arbeit	J

$$F_1 \cdot l \cdot i = \frac{F_G \cdot d}{2}$$

$$i = \frac{z_2}{z_1}$$

$$W_2 = F_G \cdot h$$

[1] Die Formeln gelten für den reibungsfreien Zustand. Bei diesem ist die aufgewendete Arbeit W_1 gleich der abgegebenen Arbeit W_2, d.h. was an Kraft gewonnen wird, geht an Weg verloren.

Reibungskraft, Reibungsmoment

Haftreibung, Gleitreibung

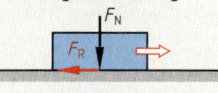

Reibungsmoment

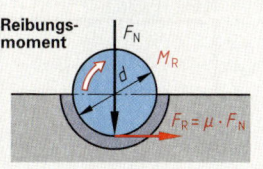

Rollreibung

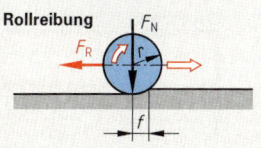

F_N	Normalkraft	N
F_R	Reibungskraft	N
μ	Reibungszahl bei Haft- oder Gleitreibung (Ruhe- oder Bewegungsreibung)	–
M_R	Reibungsmoment	N·m
d	Durchmesser	m
f	Rollreibungszahl	mm
r	Radius	mm

μ und f siehe Tabellenbuch Metall

Reibungskraft bei Haft- und Gleitreibung

$$F_R = \mu \cdot F_N$$

$$F_N = \frac{F_R}{\mu} \qquad \mu = \frac{F_R}{F_N}$$

Reibungsmoment

$$M_R = \frac{\mu \cdot F_N \cdot d}{2}$$

Reibungskraft bei Rollreibung

$$F_R = \frac{f \cdot F_N}{r}$$

Leistung und Wirkungsgrad

Leistung bei geradliniger Bewegung

Leistung ist die Arbeit je Zeiteinheit.

P	Leistung	W
W	Arbeit	J
F	Kraft	N
v	Geschwindigkeit	m/s
s	Weg in Kraftrichtung	m
t	Zeit	s

$$1\,W = 1\,\frac{J}{s} = 1\,\frac{N \cdot m}{s}$$

$$1\,kW = 1000\,W = 1{,}36\,PS$$

Leistung
$$P = \frac{W}{t}$$

$$W = P \cdot t \qquad t = \frac{W}{P}$$

Leistung
$$P = \frac{F \cdot s}{t}$$

$$F = \frac{P \cdot t}{s} \qquad s = \frac{P \cdot t}{F} \qquad t = \frac{F \cdot s}{P}$$

Leistung
$$P = F \cdot v$$

$$F = \frac{P}{v} \qquad v = \frac{P}{F}$$

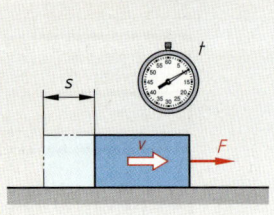

Hydraulische Leistung: Seite 46

Leistung bei kreisförmiger Bewegung

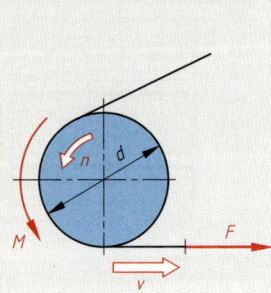

P	Leistung	W
M	Drehmoment	N·m
F	Umfangskraft	N
v	Geschwindigkeit	m/s
s	Weg in Kraftrichtung	m
t	Zeit	s
n	Drehzahl	1/s
ω	Winkelgeschwindigkeit	1/s

$$\frac{1}{min} = 1\,min^{-1} = \frac{1}{60\,s} = 0{,}01667\,s^{-1}$$

Zahlenwertgleichung:
Einsetzen → M in N·m, n in 1/min
Ergebnis → P in kW

Schnittleistung bei Werkzeugmaschinen:
Seite 40

Leistung
$$P = F \cdot v$$
$$P = F \cdot \pi \cdot d \cdot n$$
$$P = M \cdot 2 \cdot \pi \cdot n$$
$$P = M \cdot \omega$$

Leistung
$$P = \frac{M \cdot n}{9550}$$

$$M = 9550 \cdot \frac{P}{n}$$

Wirkungsgrad

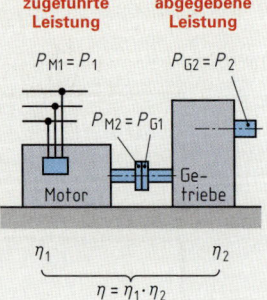

$$\eta = \eta_1 \cdot \eta_2$$

P_1	zugeführte Leistung	W
P_2	abgegebene Leistung	W
W_1	zugeführte Arbeit (Energie)	J
W_2	abgegebene Arbeit (Energie)	J
η	Gesamtwirkungsgrad	–
η_1, η_2, η_3	Teilwirkungsgrade	–
i	Übersetzungsverhältnis	–

Wirkungsgrad
$$\eta = \frac{P_2}{P_1}$$

$$\eta = \frac{W_2}{W_1}$$

Gesamtwirkungsgrad
$$\eta = \eta_1 \cdot \eta_2 \cdot \eta_3 \cdot \dots$$

$$\eta_1 = \frac{\eta}{\eta_2 \cdot \eta_3 \cdot \dots} \qquad \eta_2 = \frac{\eta}{\eta_1 \cdot \eta_3 \cdot \dots}$$

Druckarten, Auftrieb, Druckübersetzung

Druck

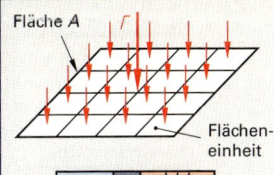

Fläche A

Flächeneinheit

p	Druck	N/cm²
F	Kolbenkraft	N
A	Kolbenfläche	cm²

$$1 \text{ bar} = 10 \ \frac{\text{N}}{\text{cm}^2} = 1000 \ \frac{\text{N}}{\text{dm}^2} = 100\,000 \text{ Pa}$$

$$1 \text{ Pa} = 1 \ \frac{\text{N}}{\text{m}^2} = 10^{-5} \text{ bar}$$

Druck

$$p = \frac{F}{A}$$

$$F = p \cdot A \qquad A = \frac{F}{p}$$

Überdruck, Luftdruck, absoluter Druck

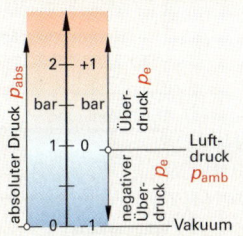

p_e	Überdruck (excedens, überschreitend)	bar
p_{amb}	Luftdruck (ambient, umgebend)	bar
p_{abs}	absoluter Druck	bar

Der Überdruck ist positiv, wenn $p_{abs} > p_{amb}$ ist und negativ, wenn $p_{abs} < p_{amb}$ ist (Unterdruck)

Überdruck

$$p_e = p_{abs} - p_{amb}$$

$$p_{abs} = p_e + p_{amb}$$

$$p_{amb} = p_{abs} - p_e$$

$p_{amb} = 1{,}013 \text{ bar} \approx 1 \text{ bar}$
(Normal-Luftdruck)

Schweredruck, Auftriebskraft

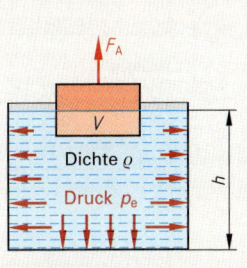

Dichte ϱ

Druck p_e

p_e	Schweredruck	N/dm²
ϱ	Dichte der Flüssigkeit	kg/dm³
g	Fallbeschleunigung	m/s²
h	Flüssigkeitstiefe	dm
F_A	Auftriebskraft	N
V	Eintauchvolumen	dm³, l

$$1 \ \frac{\text{N}}{\text{m}^2} = 0{,}01 \ \frac{\text{N}}{\text{dm}^2} = 1 \text{ Pa} = 10^{-5} \text{ bar}$$

$$1 \ \frac{\text{g}}{\text{cm}^3} = 1 \ \frac{\text{kg}}{\text{dm}^3} = 1 \ \frac{\text{t}}{\text{m}^3}$$

Schweredruck

$$p_e = g \cdot \varrho \cdot h$$

$$h = \frac{p_e}{g \cdot \varrho}$$

Auftriebskraft

$$F_A = g \cdot \varrho \cdot V$$

$$V = \frac{F_A}{g \cdot \varrho}$$

Druckübersetzung

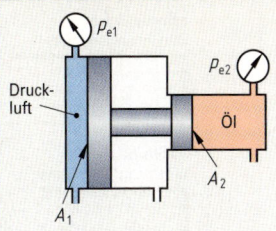

Druckluft

Öl

A_1, A_2	Kolbenflächen	cm²
p_{e1}	Überdruck an der Kolbenfläche A_1	bar
p_{e2}	Überdruck an der Kolbenfläche A_2	bar
η	Wirkungsgrad des Druckübersetzers	–

Überdruck

$$p_{e2} = p_{e1} \cdot \frac{A_1}{A_2} \cdot \eta$$

$$p_{e1} = \frac{p_{e2} \cdot A_2}{A_1 \cdot \eta}$$

Schaltzeichen nach DIN ISO 1219-1

Festigkeitsberechnungen

Beanspruchung auf Zug

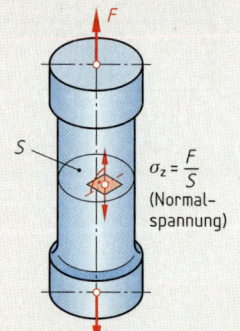

$$\sigma_z = \frac{F}{S}$$
(Normal-
spannung)

σ_z	Zugspannung	N/mm²
F	Zugkraft	N
S	Querschnittsfläche	mm²
S_{erf}	erforderliche Querschnitts- fläche	mm²
σ_{zzul}	zulässige Zugspannung	N/mm²
R_e	Streckgrenze	N/mm²
v	Sicherheitszahl (Richtwert $v = 1,5$)	–

Zugspannung

$$\sigma_z = \frac{F}{S}$$

erforderliche Querschnittsfläche

$$S_{erf} = \frac{F}{\sigma_{zzul}}$$

zulässige Zugspannung[1]

$$\sigma_{zzul} = \frac{R_e}{v}$$

Beanspruchung auf Druck

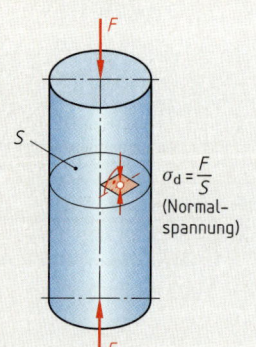

$$\sigma_d = \frac{F}{S}$$
(Normal-
spannung)

σ_d	Druckspannung	N/mm²
F	Druckkraft	N
S	Querschnittsfläche	mm²
S_{erf}	erforderliche Querschnitts- fläche	mm²
σ_{dzul}	zulässige Druckspannung	N/mm²
σ_{dF}	Quetschgrenze (bei Stahl $\sigma_{dF} \approx R_e$)	N/mm²
R_e	Streckgrenze	N/mm²
v	Sicherheitszahl (Richtwert $v = 1,5$)	–

Druckspannung

$$\sigma_d = \frac{F}{S}$$

erforderliche Querschnittsfläche

$$S_{erf} = \frac{F}{\sigma_{dzul}}$$

zulässige Druckspannung[1]

$$\sigma_{dzul} = \frac{\sigma_{dF}}{v}$$

Beanspruchung auf Flächenpressung

$A = l \cdot b$

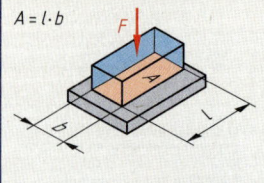

$A = l \cdot d$
(projizierte
Fläche)

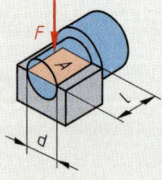

p	Flächenpressung	N/mm²
F	Kraft	N
A	Berührungsfläche, projizierte Fläche	mm²
A_{erf}	erforderliche Berührungs- fläche	mm²
p_{zul}	zulässige Flächenpressung	N/mm²
R_e	Streckgrenze	N/mm²

Flächenpressung

$$p = \frac{F}{A}$$

erforderliche Berührungsfläche

$$A_{erf} = \frac{F}{p_{zul}}$$

zulässige Flächen- pressung[1][2] (Richtwert)

$$p_{zul} = \frac{R_e}{1,2}$$

[1] Die Berechnung der zulässigen Spannung gilt nur für statische Belastung nicht spröder Werkstoffe.
[2] Für die Berechnung von Maschinenelementen gelten die dort jeweils festgelegten zulässigen Werte.

Festigkeitsberechnungen

Beanspruchung auf Abscherung

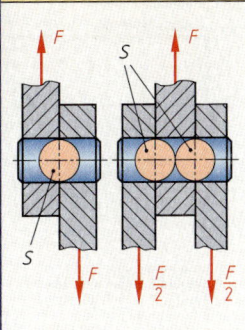

ein-schnittig **zwei-schnittig**

Der belastete Querschnitt darf nicht abgeschert werden.

τ_a	Scherspannung	N/mm²
F	Scherkraft	N
S	Querschnittsfläche	mm²
S_{erf}	erforderliche Querschnitts-fläche	mm²
τ_{azul}	zulässige Scherspannung	N/mm²
τ_{aF}	Scherfließgrenze (bei Stahl $\tau_{aF} \approx 0,6 \cdot R_e$)	N/mm²
R_e	Streckgrenze	N/mm²
v	Sicherheitszahl (Richtwert $v = 1,5$)	–

Scherspannung

$$\tau_a = \frac{F}{S}$$

erforderliche Querschnittsfläche

$$S_{erf} = \frac{F}{\tau_{azul}}$$

zulässige Scherspannung[1][2]

$$\tau_{azul} = \frac{\tau_{aF}}{v}$$

Beanspruchung auf Biegung

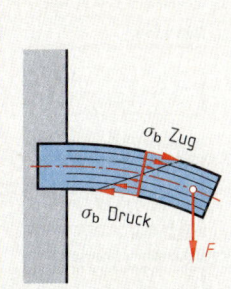

σ_b Zug
σ_b Druck

σ_b	Biegespannung	N/mm²
M_b	Biegemoment	N · mm
W	axiales Widerstandsmoment	mm³
W_{erf}	erforderliches axiales Widerstandsmoment	mm³
σ_{bzul}	zulässige Biegespannung	N/mm²
σ_{bF}	Biegefließgrenze (bei Stahl $\sigma_{bF} \approx 1,2 \cdot R_e$)	N/mm²
R_e	Streckgrenze	N/mm²
v	Sicherheitszahl (Richtwert $v = 1,5$)	–
F	Biegekraft	N

Das Biegemoment M_b ist abhängig vom jeweiligen Biegebelastungsfall, z. B. einseitig oder zweiseitig eingespannt.

Biegespannung

$$\sigma_b = \frac{M_b}{W}$$

erforderliches Widerstandsmoment

$$W_{erf} = \frac{M_b}{\sigma_{bzul}}$$

zulässige Biegespannung[1]

$$\sigma_{bzul} = \frac{\sigma_{bF}}{v}$$

Beanspruchung auf Torsion (Verdrehung)

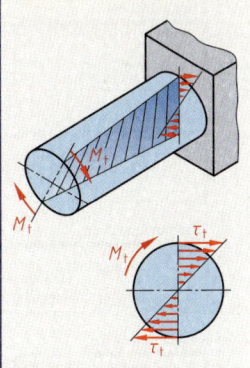

τ_t	Torsionsspannung	N/mm²
M_t	Torsionsmoment	N · mm²
W_p	polares Widerstandsmoment	mm³
W_{perf}	erforderliches polares Widerstandsmoment	mm³
τ_{tzul}	zulässige Torsionsspannung	N/mm²
τ_{tF}	Torsionsfließgrenze (bei Stahl $\tau_{tF} \approx 0,65 \cdot R_e$)	N/mm²
R_e	Streckgrenze	N/mm²
v	Sicherheitszahl (Richtwert $v = 1,5$)	–

Torsionsspannung

$$\tau_t = \frac{M_t}{W_p}$$

erforderliches polares Widerstandsmoment

$$W_{perf} = \frac{M_t}{\tau_{tzul}}$$

zulässige Torsionsspannung[1]

$$\tau_{tzul} = \frac{\tau_{tF}}{v}$$

[1] Die Berechnung der zulässigen Spannung gilt nur für statische Belastung nicht spröder Werkstoffe.
[2] Für die Berechnung von Maschinenelementen gelten die dort jeweils festgelegten zulässigen Werte.

Werkstoffprüfung

Zugversuch

Spannungs-Dehnungs-Diagramm mit ausgeprägter Streckgrenze, z.B. bei weichem Stahl

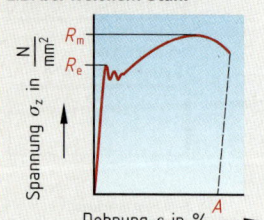

Spannungs-Dehnungs-Diagramm ohne ausgeprägte Streckgrenze, z.B. bei vergütetem Stahl

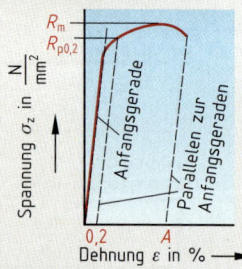

Zugprobe

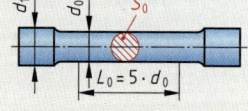

F	Zugkraft	N
F_m	Höchstzugkraft	N
F_e	Zugkraft an der Streckgrenze	N
$F_{p\,0,2}$	Zugkraft an der Dehngrenze	N
L	Messlänge	mm
L_0	Anfangsmesslänge	mm
L_u	Messlänge nach dem Bruch der Probe	mm
d_0	Anfangsdurchmesser der Probe	mm
S_0	Anfangsquerschnitt der Probe	mm²
S_u	kleinster Probenquerschnitt nach dem Bruch	mm²
ε	Dehnung	%
A	Bruchdehnung	%
Z	Brucheinschnürung	%
σ_z	Zugspannung	N/mm²
R_m	Zugfestigkeit	N/mm²
R_e	Streckgrenze	N/mm²
$R_{p\,0,2}$	Dehngrenze	N/mm²

Zugspannung

$$\sigma_z = \frac{F}{S_0}$$

$$F = \sigma_z \cdot S_0$$

Zugfestigkeit

$$R_m = \frac{F_m}{S_0}$$

Streckgrenze

$$R_e = \frac{F_e}{S_0}$$

Dehngrenze

$$R_{p\,0,2} = \frac{F_{p\,0,2}}{S_0}$$

Dehnung

$$\varepsilon = \frac{L - L_0}{L_0} \cdot 100\%$$

Bruchdehnung

$$A = \frac{L_u - L_0}{L_0} \cdot 100\%$$

Brucheinschnürung

$$Z = \frac{S_0 - S_u}{S_0} \cdot 100\%$$

Bestimmung der Eigenschaften von Kunststoffen bei Zugbeanspruchung

typische Spannungs-Dehnungs-Kurven

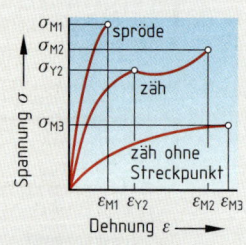

Probekörper

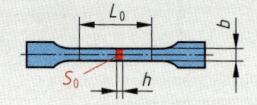

F_M	Höchstkraft	N
F_Y	Streckspannungskraft	N
ΔL_{FM}	Längenänderung bei Höchstkraft	mm
ΔL_{FY}	Längenänderung bei Streckspannungskraft	mm
L_0	Messlänge	mm
S_0	Anfangsquerschnitt	mm²
σ_M	Zugfestigkeit	N/mm²
σ_Y	Streckspannung	N/mm²
ε_M	Höchstdehnung	%
ε_Y	Streckdehnung	%

Zugfestigkeit

$$\sigma_M = \frac{F_M}{S_0}$$

Streckspannung

$$\sigma_Y = \frac{F_Y}{S_0}$$

Höchstdehnung

$$\varepsilon_M = \frac{\Delta L_{FM}}{L_0} \cdot 100\%$$

Streckdehnung

$$\varepsilon_Y = \frac{\Delta L_{FY}}{L_0} \cdot 100\%$$

Berechnung von Schrauben

Die meisten Schrauben (einfache Verbindungen) werden ohne Kontrolle des Anziehdrehmoments montiert. Für das Anziehen von Hand liegen Erfahrungswerte[1] für die Vorspannkraft F_V und die Vorspannung σ_V vor. Für die Mindeststreckgrenze ist ein Sicherheitsfaktor von 1,5 vorzusehen.

Betriebskraft in Achsrichtung

Bei Berechnung der Schrauben allein über die axiale Betriebskraft F_B wird ein hoher Sicherheitsfaktor (z. B. $v = 2,5$) berücksichtigt, der die ungenaue Berechnung der Schraubengesamtkraft kompensiert.

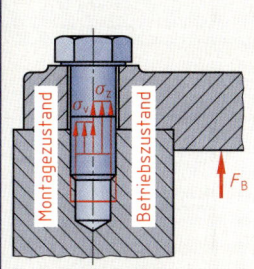

F_B	Betriebskraft	N
R_e	Streckgrenze	N/mm²
$R_{e\,erf}$	Mindeststreckgrenze	N/mm²
σ_{zul}	Zulässige Spannung	N/mm²
σ_V	Vorspannung	N/mm² (lt. Tabelle)
S	Spannungsquerschnitt	mm²
v	Sicherheitsfaktor $v = 2,5$	

Zulässige Spannung

$$\sigma_{zul} = \frac{R_e}{v}$$

1) Werte beim Anziehen von Hand

d	F_V in N	σ_V in N/mm²
M6	7 000	350
M8	10 000	280
M10	16 000	

Spannungsquerschnitt

$$S = \frac{F_B}{\sigma_{zul}}$$

Spannungsnachweis

$$R_{e\,erf} \geq 1,5 \cdot \sigma_V$$

Betriebskraft quer zur Achsrichtung

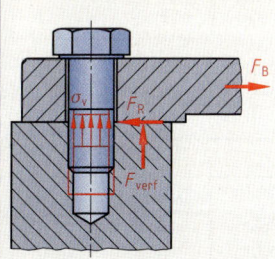

F_B	Betriebskraft	N
R_e	Streckgrenze	N/mm²
F_R	Reibungskraft	N
F_{verf}	erforderliche Vorspannkraft	kN
μ	Reibungszahl	
φ	Rutschsicherheit	
S	Spannungsquerschnitt	mm²
σ_{zul}	zulässige Spannung	N/mm²

$$\sigma_{zul} = \frac{R_e}{1,5}$$

Erforderliche Vorspannkraft

$$F_{verf} = \frac{\varphi \cdot F_B}{\mu}$$

Spannungsquerschnitt

$$S = \frac{F_{verf}}{\sigma_{zul}}$$

Scheibenkupplung

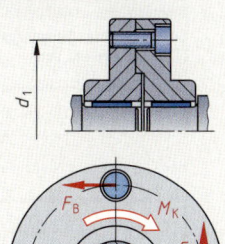

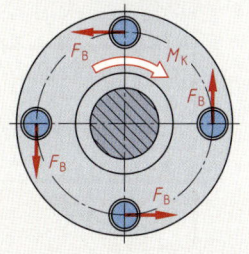

F_B	Betriebskraft	N
F_R	Reibungskraft	N
M_K	Kupplungsmoment	N · m
d_1	Teilkreisdurchmesser	mm
n	Anzahl der Schrauben	
F_{verf}	erforderliche Vorspannkraft	kN
μ	Reibungszahl	
φ	Rutschsicherheit	
S	Spannungsquerschnitt	mm²
σ_{zul}	zulässige Spannung	N/mm²

$$\sigma_{zul} = \frac{R_e}{1,5}$$

Vorhandene Betriebskraft

$$F_B = \frac{M_K \cdot 2}{n \cdot d_1}$$

Erforderliche Vorspannkraft

$$F_{verf} = \frac{\varphi \cdot F_B}{\mu}$$

Spannungsquerschnitt

$$S = \frac{F_{verf}}{\sigma_{zul}}$$

Wärmetechnik

Temperatureinheiten

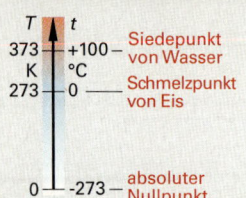

Die thermodynamische Temperatur in Kelvin (K) geht von der tiefstmöglichen Temperatur (vom absoluten Nullpunkt) aus, die Celsiustemperatur vom Schmelzpunkt des Eises.

T	thermodynamische Temperatur	K
t, ϑ	Celsius-Temperatur	°C
t_F	Fahrenheit-Temperatur	°F

Thermodynamische Temperatur

$$T = t + 273$$

$$t = T - 273$$

Fahrenheit-Temperatur

$$t_F = 1{,}8 \cdot t + 32$$

Längenänderung

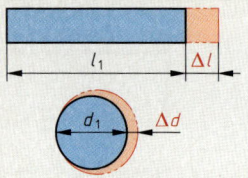

α_l	Längenausdehnungskoeffizient	1/K, 1/°C
$\Delta t, \Delta \vartheta$	Temperaturänderung	K, °C
Δl	Längenänderung	mm
Δd	Durchmesseränderung	mm
l_1	Anfangslänge	mm
d_1	Anfangsdurchmesser	mm

Längenänderung

$$\Delta l = \alpha_l \cdot l_1 \cdot \Delta t$$

Durchmesseränderung

$$\Delta d = \alpha_l \cdot d_1 \cdot \Delta t$$

Volumenänderung

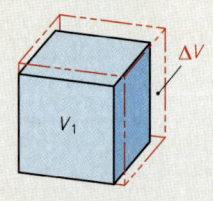

α_V	Volumenausdehnungskoeffizient	1/K, 1/°C
$\Delta t, \Delta \vartheta$	Temperaturänderung	K, °C
ΔV	Volumenänderung	dm³, l
V_1	Anfangsvolumen	dm³, l

Volumenänderung

$$\Delta V = \alpha_V \cdot V_1 \cdot \Delta t$$

$$\alpha_V \approx 3 \cdot \alpha_l$$

Zustandsänderung von Gasen

Verdichtung

Zustand 1	Zustand 2

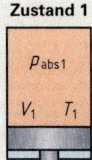 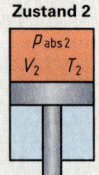

Zustand 1

p_{abs1}	absoluter Druck	bar
V_1	Volumen	dm³, l
T_1	absolute Temperatur	K

Allgemeine Gasgleichung

$$\frac{p_{abs1} \cdot V_1}{T_1} = \frac{p_{abs2} \cdot V_2}{T_2}$$

Zustand 2

p_{abs2}	absoluter Druck	bar
V_2	Volumen	dm³, l
T_2	absolute Temperatur	K

$1\ l = 1\ dm^3 = 1000\ cm^3 = 0{,}001\ m^3$

Sonderfälle:

bei konstanter Temperatur ($T_1 = T_2$): **Gesetz von Boyle-Mariotte**

$$p_{abs1} \cdot V_1 = p_{abs2} = V_2$$

bei konstantem Volumen ($V_1 = V_2$)

$$\frac{p_{abs1}}{T_1} = \frac{p_{abs2}}{T_2}$$

bei konstantem Druck ($p_{abs1} = p_{abs2}$)

$$\frac{V_1}{T_1} = \frac{V_2}{T_2}$$

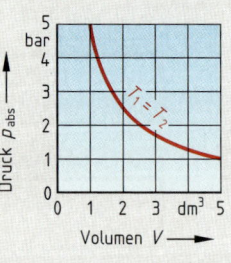

Gesetz von Boyle-Mariotte

Wärmetechnik

Schwindung

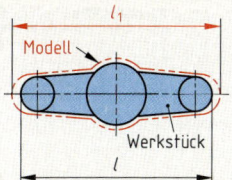

S	Schwindmaß	%
l	Werkstücklänge	mm
l_1	Modelllänge	mm

Modelllänge

$$l_1 = \frac{l \cdot 100\%}{100\% - S}$$

$$l = \frac{l_1 \cdot (100\% - S)}{100\%}$$

Wärmemenge bei Temperaturänderung

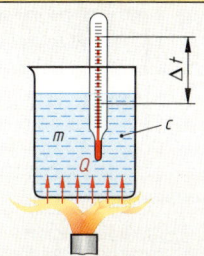

Q	Wärmemenge	kJ
m	Masse	kg
c	spezifische Wärmekapazität	$\dfrac{\text{kJ}}{\text{kg} \cdot \text{K}}$
$\Delta t, \Delta \vartheta$	Temperaturänderung	K, °C

Wärmemenge

$$Q = c \cdot m \cdot \Delta t$$

$$\Delta t = \frac{Q}{c \cdot m}$$

Schmelzwärme, Verdampfungswärme

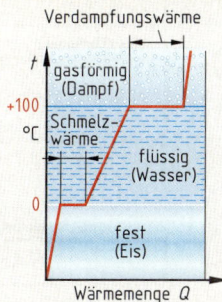

Q	Schmelzwärme, Verdampfungswärme	kJ
q	spezifische Schmelzwärme	kJ/kg
r	spezifische Verdampfungswärme	kJ/kg
m	Masse	kg

Schmelzwärme

$$Q = q \cdot m$$

$$m = \frac{Q}{q}$$

Verdampfungswärme

$$Q = r \cdot m$$

$$m = \frac{Q}{r}$$

Verbrennungswärme

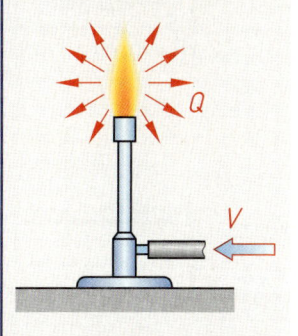

Q	Verbrennungswärme	MJ
H, H_u	spezifischer Heizwert fester und flüssiger Brennstoffe	MJ/kg
H, H_u	spezifischer Heizwert von Gasen	MJ/m³
m	Masse fester und flüssiger Brennstoffe	kg
V	Volumen von Brenngasen	m³

Verbrennungswärme fester und flüssiger Stoffe

$$Q = H_u \cdot m$$

$$m = \frac{Q}{H_u}$$

Verbrennungswärme von Gasen

$$Q = H_u \cdot V$$

$$V = \frac{Q}{H_u}$$

Elektrotechnik

Ohmsches Gesetz

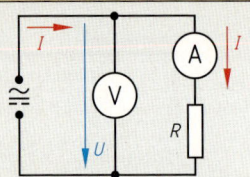

U	Spannung	V
I	Stromstärke	A
R	Widerstand	Ω

$$1\,\Omega = \frac{1\,V}{1\,A}$$

Stromstärke

$$I = \frac{U}{R}$$

$$R = \frac{U}{I} \qquad U = I \cdot R$$

Widerstand und Leitwert

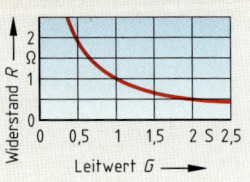

R	Widerstand	Ω
G	Leitwert	S

Widerstand

$$R = \frac{1}{G}$$

Leitwert

$$G = \frac{1}{R}$$

Spezifischer elektrischer Widerstand, elektrische Leitfähigkeit, Leiterwiderstand

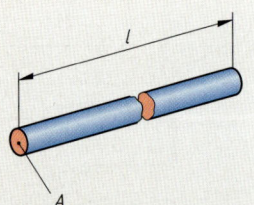

ϱ	spezifischer elektrischer Widerstand	$\Omega \cdot mm^2/m$
γ	elektrische Leitfähigkeit	$m/(\Omega \cdot mm^2)$
R	Widerstand	Ω
A	Leiterquerschnitt	mm^2
l	Leiterlänge	m

Spezifischer elektrischer Widerstand

$$\varrho = \frac{1}{\gamma}$$

Leiterwiderstand

$$R = \frac{\varrho \cdot l}{A}$$

Widerstand und Temperatur

Temperaturkoeffizient α	
Werkstoff	α in 1/K
Aluminium	0,0040
Blei	0,0039
Gold	0,0037
Kupfer	0,0039
Silber	0,0038
Wolfram	0,0044
Zinn	0,0045
Zink	0,0042
Grafit	– 0,0013
Konstantan	± 0,00001

ΔR	Widerstandsänderung	Ω
R_{20}	Widerstand bei 20 °C	Ω
R_t	Widerstand bei der Temperatur t	Ω
α	Temperaturkoeffizient (T_k-Wert)	1/K
Δt	Temperaturdifferenz	K

Widerstandsänderung

$$\Delta R = \alpha \cdot R_{20} \cdot \Delta t$$

Widerstand bei Temperatur t

$$R_t = R_{20} + \Delta R$$

$$R_t = R_{20} \cdot (1 + \alpha \cdot \Delta t)$$

Stromdichte in Leitern

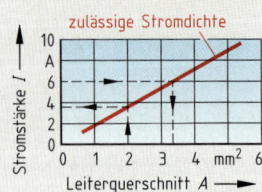

J	Stromdichte	A/mm^2
I	Stromstärke	A
A	Leiterquerschnitt	mm^2

Stromdichte

$$J = \frac{I}{A}$$

Elektrotechnik

Spannungsabfall in Leitern

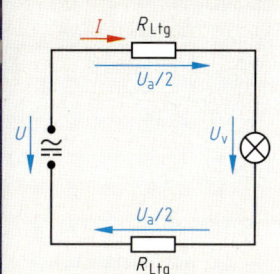

U_a	Spannungsabfall im Leiter	V
U	Klemmenspannung	V
U_v	Spannung am Verbraucher	V
I	Stromstärke	A
R_{Ltg}	Leiterwiderstand für Zuleitung bzw. Rückleitung	Ω

Spannungsabfall

$$U_a = 2 \cdot I \cdot R_{Ltg}$$

Spannung am Verbraucher

$$U_v = U - U_a$$

Reihenschaltung von Widerständen

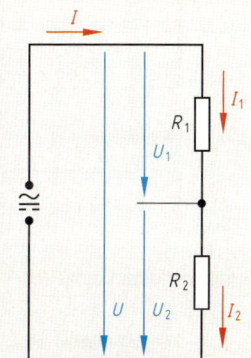

R	Gesamtwiderstand	Ω
I	Gesamtstrom	A
U	Gesamtspannung	V
R_1, R_2	Einzelwiderstände	Ω
I_1, I_2	Teilströme	A
U_1, U_2	Teilspannungen	V

Gesamtwiderstand

$$R = R_1 + R_2 + \dots$$

Gesamtspannung

$$U = U_1 + U_2 + \dots$$

Gesamtstrom

$$I = I_1 = I_2 = \dots$$

Teilspannungen

$$\frac{U_1}{U_2} = \frac{R_1}{R_2}$$

Parallelschaltung von Widerständen

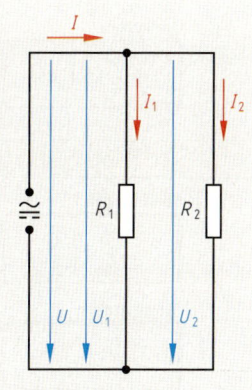

R	Gesamtwiderstand	Ω
I	Gesamtstrom	A
U	Gesamtspannung	V
R_1, R_2	Einzelwiderstände	Ω
I_1, I_2	Teilströme	A
U_1, U_2	Teilspannungen	V

Gesamtwiderstand

$$\frac{1}{R} = \frac{1}{R_1} + \frac{1}{R_2} + \dots$$

Gesamtwiderstand bei nur 2 Teilwiderständen

$$R = \frac{R_1 \cdot R_2}{R_1 + R_2}$$

Gesamtspannung

$$U = U_1 = U_2 = \dots$$

Gesamtstrom

$$I = I_1 + I_2 + \dots$$

Teilströme

$$\frac{I_1}{I_2} = \frac{R_2}{R_1}$$

Elektrotechnik

Elektrische Arbeit

W	elektrische Arbeit	kW·h
P	elektrische Leistung	kW
t	Zeit	h

$1\ \text{kW·h} = 3,6\ \text{MJ} = 3\,600\,000\ \text{W·s}$

Elektrische Arbeit

$$W = P \cdot t$$

$$P = \frac{W}{t} \qquad t = \frac{W}{P}$$

Elektrische Leistung bei ohmscher Belastung[1]

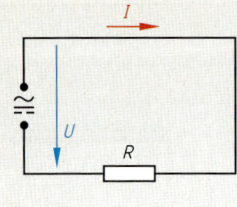

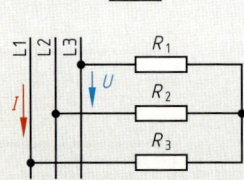

P	elektrische Leistung	W
U	Spannung (Leiterspannung)	V
I	Stromstärke	A
R	Widerstand	Ω

[1] d.h. nur bei Wärmegeräten (ohmsche Widerstände)

Leistung bei Gleich- oder Wechselstrom

$$P = U \cdot I$$

$$P = I^2 \cdot R$$

$$P = \frac{U^2}{R}$$

Leistung bei Drehstrom

$$P = \sqrt{3} \cdot U \cdot I$$

Wirkleistung bei Wechsel- und Drehstrom mit induktivem oder kapazitivem Lastanteil[2]

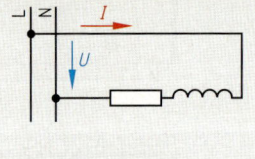

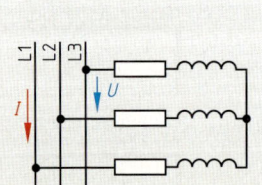

P	Wirkleistung	W
U	Spannung (Leiterspannung)	V
I	Stromstärke	A
$\cos \varphi$	Leistungsfaktor	–

[2] z.B. bei Elektromotoren und Generatoren

Wirkleistung bei Wechselstrom

$$P = U \cdot I \cdot \cos \varphi$$

Wirkleistung bei Drehstrom

$$P = \sqrt{3} \cdot U \cdot I \cdot \cos \varphi$$

Transformator

Eingangsseite (Primärspule) **Ausgangsseite** (Sekundärspule)

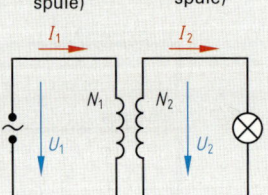

N_1, N_2	Windungszahlen	–
U_1, U_2	Spannungen	V
I_1, I_2	Stromstärken	A

Spannungen

$$\frac{U_1}{U_2} = \frac{N_1}{N_2}$$

Stromstärken

$$\frac{I_1}{I_2} = \frac{N_2}{N_1}$$

$$I_1 = \frac{N_2 \cdot I_2}{N_1} \qquad I_2 = \frac{I_1 \cdot N_1}{N_2}$$

Toleranzen und Passungen

Grenzmaße und Toleranzen für Bohrungen[1]

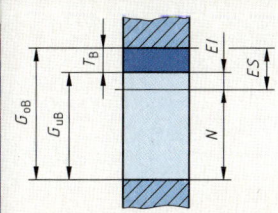

N	Nennmaß	mm
G_{oB}	Höchstmaß Bohrung	mm
G_{uB}	Mindestmaß Bohrung	mm
ES	oberes Abmaß Bohrung	mm
EI	unteres Abmaß Bohrung	mm
T_B	Toleranz Bohrung	mm

Höchstmaß
$$G_{oB} = N + ES$$

Mindestmaß
$$G_{uB} = N + EI$$

Toleranz
$$T_B = ES - EI$$
$$T_B = G_{oB} - G_{uB}$$

Grenzmaße und Toleranzen für Wellen[1]

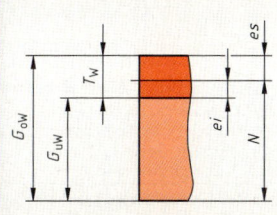

N	Nennmaß	mm
G_{oW}	Höchstmaß Welle	mm
G_{uW}	Mindestmaß Welle	mm
es	oberes Abmaß Welle	mm
ei	unteres Abmaß Welle	mm
T_W	Toleranz Welle	mm

Höchstmaß
$$G_{oW} = N + es$$

Mindestmaß
$$G_{uW} = N + ei$$

Toleranz
$$T_W = es - ei$$
$$T_W = G_{oW} - G_{uW}$$

Passungen

Spielpassung[1]

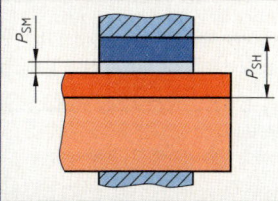

P_{SH}	Höchstspiel	mm
P_{SM}	Mindestspiel	mm

Höchstspiel
$$P_{SH} = G_{oB} - G_{uW}$$
$$P_{SH} = ES - ei$$

Mindestspiel
$$P_{SM} = G_{uB} - G_{oW}$$
$$P_{SM} = EI - es$$

Übergangspassung[1]

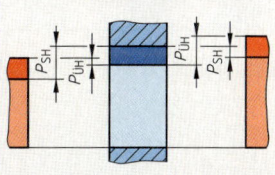

P_{SH}	Höchstspiel	mm
$P_{ÜH}$	Höchstübermaß	mm

Höchstspiel
$$P_{SH} = G_{oB} - G_{uW}$$
$$P_{SH} = ES - ei$$

Höchstübermaß
$$P_{ÜH} = G_{uB} - G_{oW}$$
$$P_{ÜH} = EI - es$$

Übermaßpassung[1]

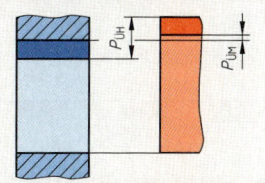

$P_{ÜH}$	Höchstübermaß	mm
$P_{ÜM}$	Mindestübermaß	mm

Höchstübermaß
$$P_{ÜH} = G_{uB} - G_{oW}$$
$$P_{ÜH} = EI - es$$

Mindestübermaß
$$P_{ÜM} = G_{oB} - G_{uW}$$
$$P_{ÜM} = ES - ei$$

[1] Grenzabmaße sind in Tabellen meist in μm angegeben. Zur Berechnung von Grenzmaßen, Toleranzen und Passungen müssen sie zuerst in mm umgerechnet werden.

Toleranzen und Passungen

Begriffe
vgl. DIN ISO 286-1 (1990-11)

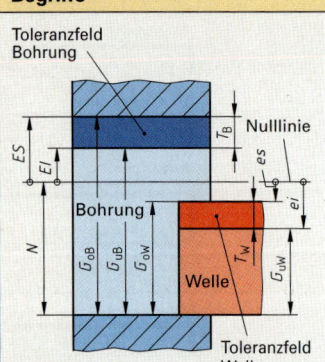

Bohrung

N	Nennmaß
G_{oB}	Höchstmaß Bohrung
G_{uB}	Mindestmaß Bohrung
ES	oberes Abmaß Bohrung
EI	unteres Abmaß Bohrung
T_B	Toleranz Bohrung

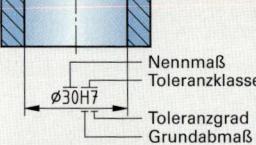

Welle

N	Nennmaß
G_{oW}	Höchstmaß Welle
G_{uW}	Mindestmaß Welle
es	oberes Abmaß Welle
ei	unteres Abmaß Welle
T_W	Toleranz Welle

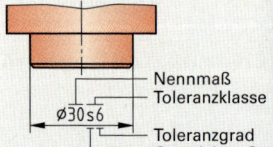

Bezeichnung	Erklärung	Bezeichnung	Erklärung
Nulllinie	Sie stellt das Nennmaß dar, auf das sich die Abmaße und Toleranzen beziehen.	**Grundtoleranzgrad**	Eine Gruppe von Toleranzen, die dem gleichen Genauigkeitsniveau, z. B. IT7, zugeordnet sind.
Grundabmaß	Das Grundabmaß bestimmt die Lage des Toleranzfeldes zur Nulllinie.	**Toleranzgrad**	Zahl des Grundtoleranzgrades, z. B. 7 beim Grundtoleranzgrad IT7.
Toleranz	Differenz zwischen dem Höchstmaß und dem Mindestmaß bzw. zwischen dem oberen und unteren Abmaß.	**Toleranzklasse**	Benennung für eine Kombination eines Grundabmaßes mit einem Toleranzgrad, z. B. H7.
Grundtoleranz	Die einem Grundtoleranzgrad, z. B. IT7, und einem Nennmaßbereich, z. B. 30 … 50 mm, zugeordnete Toleranz.	**Passung**	Geplanter Fügezustand zwischen Bohrung und Welle.

Passungssysteme
vgl. DIN ISO 286-1 (1990-11)

Passungssystem Einheitsbohrung (alle Bohrungsmaße besitzen das Grundabmaß H)

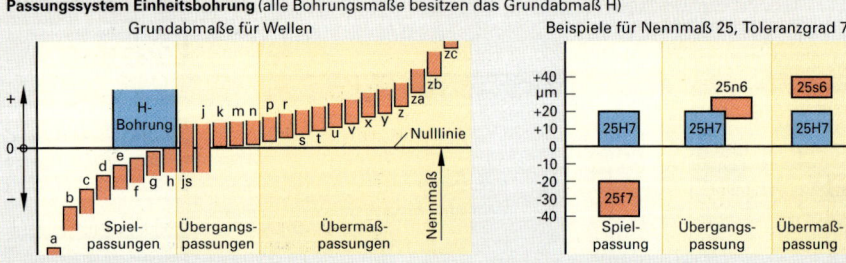

Passungssystem Einheitswelle (alle Wellenmaße besitzen das Grundabmaß h)

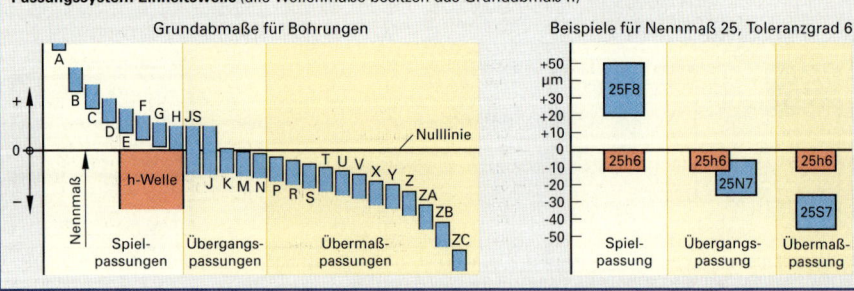

Zahnradmaße

Nicht korrigierte Stirnräder mit Geradverzahnung

Außenverzahnung

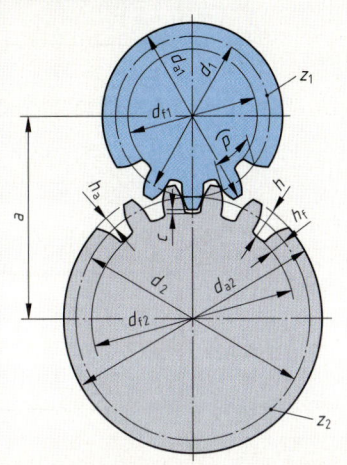

m	Modul	mm
p	Teilung	mm
z, z_1, z_2	Zähnezahlen	–
h	Zahnhöhe	mm
h_a	Zahnkopfhöhe	mm
h_f	Zahnfußhöhe	mm
d, d_1, d_2	Teilkreisdurchmesser	mm
d_a, d_{a1}, d_{a2}	Kopfkreisdurchmesser	mm
d_f, d_{f1}, d_{f2}	Fußkreisdurchmesser	mm
c	Kopfspiel	mm
a	Achsabstand	mm

Maße außenverzahnter Räder

Zähnezahl
$$z = \frac{d}{m} = \frac{d_a - 2 \cdot m}{m}$$

Kopfkreisdurchmesser
$$d_a = d + 2 \cdot m = m \cdot (z + 2)$$

Fußkreisdurchmesser
$$d_f = d - 2 \cdot (m + c)$$

Achsabstand
$$a = \frac{d_1 + d_2}{2} = \frac{m \cdot (z_1 + z_2)}{2}$$

Gemeinsame Maße innen- und außenverzahnter Räder

Modul
$$m = \frac{p}{\pi} = \frac{d}{z}$$

Teilung
$$p = \pi \cdot m$$

Teilkreisdurchmesser
$$d = m \cdot z$$

Kopfspiel
$$c = 0,1 \cdot m \text{ bis } 0,3 \cdot m$$
häufig $c = 0,167 \cdot m$

Zahnkopfhöhe
$$h_a = m$$

Zahnfußhöhe
$$h_f = m + c$$

Zahnhöhe
$$h = 2 \cdot m + c$$

Innenverzahnung

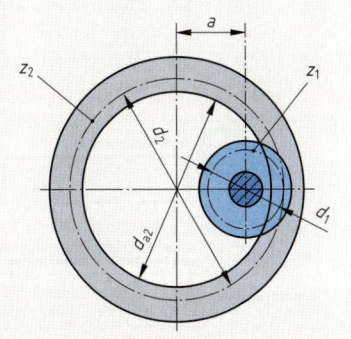

Maße innenverzahnter Räder

Zähnezahl
$$z = \frac{d}{m} = \frac{d_a + 2 \cdot m}{m}$$

Kopfkreisdurchmesser
$$d_a = d - 2 \cdot m = m \cdot (z - 2)$$

Fußkreisdurchmesser
$$d_f = d + 2 \cdot (m + c)$$

Achsabstand
$$a = \frac{d_2 - d_1}{2} = \frac{m \cdot (z_2 - z_1)}{2}$$

Übersetzungen

Zahnradtrieb

einfache Übersetzung

treibend   getrieben

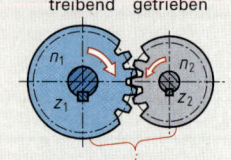

mehrfache Übersetzung

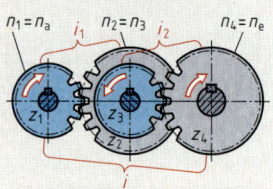

$n_1 = n_a$ $n_2 = n_3$ i_2 $n_4 = n_e$
i_1

treibende Räder

z_1, z_3, z_5 ...	Zähnezahlen	–
n_1, n_3, n_5 ...	Drehzahlen	1/min
n_a	Anfangsdrehzahl	1/min

getriebene Räder

z_2, z_4, z_6 ...	Zähnezahlen	–
n_2, n_4, n_6 ...	Drehzahlen	1/min
n_e	Enddrehzahl	1/min

für den gesamten Zahnradtrieb

i	Gesamt-übersetzungs-verhältnis	–
i_1, i_2, i_3 ...	Einzel-übersetzungs-verhältnisse	–

Drehmomente bei Zahnrädern: Seite 21

Antriebsformel

$$n_1 \cdot z_1 = n_2 \cdot z_2$$

Übersetzungsverhältnis

$$i = \frac{z_2}{z_1} = \frac{n_1}{n_2} = \frac{n_a}{n_e}$$

Gesamtübersetzungsverhältnis

$$i = \frac{z_2 \cdot z_4 \cdot z_6 \,...}{z_1 \cdot z_3 \cdot z_5 \,...}$$

$$i = i_1 \cdot i_2 \cdot i_3 \,...$$

Riementrieb

einfache Übersetzung

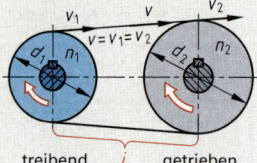

treibend i getrieben

mehrfache Übersetzung

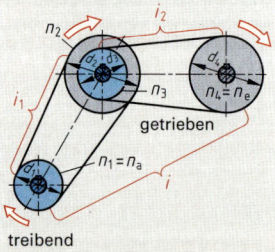

treibende Scheiben

d_1, d_3, d_5 ...	Durchmesser	mm
n_1, n_3, n_5 ...	Drehzahlen	1/min
n_a	Anfangsdrehzahl	1/min

getriebene Scheiben

d_2, d_4, d_6 ...	Durchmesser	mm
n_2, n_4, n_6 ...	Drehzahlen	1/min
n_e	Enddrehzahl	1/min

für den gesamten Riementrieb

i	Gesamt-übersetzungs-verhältnis	–
i_1, i_2, i_3 ...	Einzel-übersetzungs-verhältnisse	–
v, v_1, v_2	Umfangs-geschwindigkeiten	m/min

Berechnung der Umfangs-geschwindigkeiten: Seite 19

Geschwindigkeit

$$v = v_1 = v_2$$

Antriebsformel

$$n_1 \cdot d_1 = n_2 \cdot d_2$$

Übersetzungsverhältnis

$$i = \frac{d_2}{d_1} = \frac{n_1}{n_2} = \frac{n_a}{n_e}$$

Gesamtübersetzungsverhältnis

$$i = \frac{d_2 \cdot d_4 \cdot d_6 \,...}{d_1 \cdot d_3 \cdot d_5 \,...}$$

$$i = i_1 \cdot i_2 \cdot i_3 \,...$$

Schneckentrieb

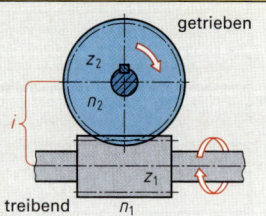

getrieben

treibend n_1

z_1	Zähnezahl (Gangzahl) der Schnecke	–
n_1	Drehzahl der Schnecke	1/min
z_2	Zähnezahl des Schneckenrades	–
n_2	Drehzahl des Schneckenrades	1/min
i	Übersetzungsverhältnis	–

Antriebsformel

$$n_1 \cdot z_1 = n_2 \cdot z_2$$

Übersetzungsverhältnis

$$i = \frac{n_1}{n_2} = \frac{z_2}{z_1}$$

Qualitätsmanagement

Statistische Auswertung (kontinuierliche Merkmale)

Klasse Nr.	Messwert ≥	Messwert <	Strichliste	n_j	h_j in %
1	7,94	7,96	I	1	2,5
2	7,96	7,98	III	3	7,5
6	8,04	8,06	II	2	5
			Σ =	40	100

$w \approx \dfrac{R}{k}$

n Anzahl der Einzelwerte
k Anzahl der Klassen
w Klassenweite
R Spannweite
n_j absolute Häufigkeit
h_j relative Häufigkeit

Anzahl der Klassen

$$k \approx \sqrt{n}$$

Relative Häufigkeit

$$h_j = \frac{n_j}{n} \cdot 100\,\%$$

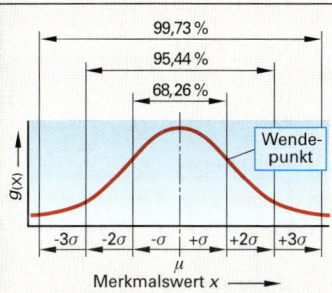

g(x) — Merkmalswert x →
99,73 %
95,44 %
68,26 %
Wendepunkt
-3σ -2σ -σ +σ +2σ +3σ
μ

Häufigkeit — Merkmalswert x →
Kurve ermittelt aus $\bar{x}$ und s
Wendepunkt
-3s -2s -s +s +2s +3s
x_{min} R x_{max}
$\bar{x}$

Kennwerte der Stichprobe
n Anzahl der Einzelwerte (Stichprobenumfang)
x_i Wert des messbaren Merkmals, z. B. Einzelwert
x_{max} größter Messwert
x_{min} kleinster Messwert
$\bar{x}$ Arithmetischer Mittelwert
$\tilde{x}$ Medianwert (Zentralwert), mittlerer Wert der nach Größe geordneten Messwerte
s, σ Standardabweichung
R Spannweite
D Modalwert (häufigster Messwert einer Messreihe)
$g_{(x)}$ Wahrscheinlichkeitsdichte

Kennwerte bei Auswertung mehrerer Stichproben
m Anzahl der Stichproben
$\bar{R}$ Mittelwert mehrerer Stichprobenspannweiten
$\bar{\bar{x}}$ Mittelwert mehrerer Stichprobenmittelwerte
$\bar{s}$ Mittelwert mehrerer Standardabweichungen

Kennwerte der Grundgesamtheit
$\hat{\mu}$ geschätzter Prozessmittelwert
$\hat{\sigma}$ geschätzte Prozessstandardabweichung

Arithmetischer Mittelwert

$$\bar{x} = \frac{x_1 + x_2 + \ldots + x_n}{n}$$

Standardabweichung

$$s = \sqrt{\frac{\sum (x_i - \bar{x})^2}{n-1}}$$

Spannweite

$$R = x_{max} - x_{min}$$

Mittelwert mehrerer Stichprobenspannweiten

$$\bar{R} = \frac{R_1 + R_2 + \ldots + R_m}{m}$$

Mittelwert mehrerer Stichprobenmittelwerte

$$\bar{\bar{x}} = \frac{\bar{x}_1 + \bar{x}_2 + \ldots + \bar{x}_m}{m}$$

Mittelwert mehrerer Standardabweichungen

$$\bar{s} = \frac{s_1 + s_2 + \ldots + s_m}{m}$$

Qualitätsfähigkeit von Prozessen

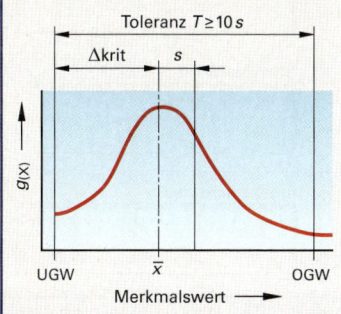

g(x) — Merkmalswert →
Toleranz $T \geq 10\,s$
Δkrit
s
UGW $\bar{x}$ OGW

UGW   unterer Grenzwert
OGW   oberer Grenzwert
T Toleranz
$(\hat{\sigma}), s$ (geschätzte) Standardabweichung
$\bar{x}$ Arithmetischer Mittelwert
Δkrit   kleinster Abstand zwischen Mittelwert und Toleranzgrenze
C_m, C_{mk} Maschinenfähigkeitsindex
C_p, C_{pk} Prozessfähigkeitsindex

[1] Kunden- bzw. auftragsabhängige Forderungen

Nachweisforderungen:[1] Maschinenfähigkeitsindex

$$C_m = \frac{T}{6 \cdot s} \geq 1,67$$

$$C_{mk} = \frac{\Delta krit}{3 \cdot s} \geq 1,67$$

Prozessfähigkeitsindex

$$C_p = \frac{T}{6 \cdot \hat{\sigma}} \geq 1,33$$

$$C_{pk} = \frac{\Delta krit}{3 \cdot \hat{\sigma}} \geq 1,33$$

Kräfte und Leistungen beim Zerspanen

Drehen

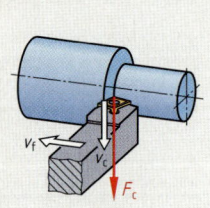

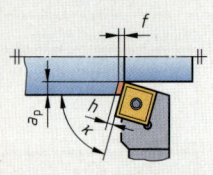

F_c	Schnittkraft	N
A	Spanungsquerschnitt	mm²
a_p	Schnitttiefe	mm
f	Vorschub	mm
h	Spanungsdicke	mm
$\varkappa$	Einstellwinkel	°
k_c	spezifische Schnittkraft	N/mm²
C	Korrekturfaktor für die Schnittgeschwindigkeit	–
v_c	Schnittgeschwindigkeit	m/min
P_c	Schnittleistung	N · m/s, kW
P_1	Antriebsleistung der Maschine	N · m/s, kW
η	Wirkungsgrad der Maschine	–

Umrechnungen:

$$1\ kW = 1000\ \frac{N \cdot m}{s}; \quad 1\ \frac{m}{min} = \frac{1\ m}{60\ s}$$

Schnittkraft

$$F_c = A \cdot k_c \cdot C$$

Spanungsquerschnitt

$$A = a_p \cdot f$$

Spanungsdicke

$$h = f \cdot \sin \varkappa$$

Schnittleistung

$$P_c = F_c \cdot v_c$$

Antriebsleistung

$$P_1 = \frac{P_c}{\eta}$$

Bohren

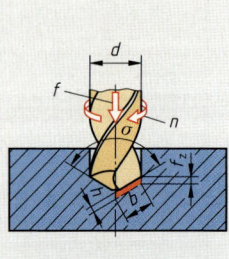

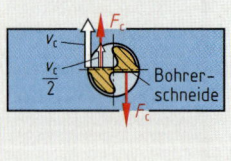

F_c	Schnittkraft je Schneide	N
A	Spanungsquerschnitt je Schneide	mm²
z	Anzahl der Schneiden (Spiralbohrer $z = 2$)	–
d	Bohrerdurchmesser	mm
σ	Spitzenwinkel	°
f	Vorschub je Umdrehung	mm
h	Spanungsdicke	mm
k_c	spezifische Schnittkraft	N/mm²
C	Korrekturfaktor für die Schnittgeschwindigkeit	–
v_c	Schnittgeschwindigkeit	m/min
P_c	Schnittleistung	N · m/s, kW
P_1	Antriebsleistung der Maschine	N · m/s, kW
η	Wirkungsgrad der Maschine	–

Umrechnungen:

$$1\ kW = 1000\ \frac{N \cdot m}{s}; \quad 1\ \frac{m}{min} = \frac{1\ m}{60\ s}$$

Schnittkraft je Schneide[1]

$$F_c = 1{,}2 \cdot A \cdot k_c \cdot C$$

Spanungsquerschnitt je Schneide

$$A = \frac{d \cdot f}{4}$$

Spanungsdicke

$$h = \frac{f}{2} \cdot \sin \frac{\sigma}{2}$$

Schnittleistung

$$P_c = \frac{z \cdot F_c \cdot v_c}{2}$$

Antriebsleistung

$$P_1 = \frac{P_c}{\eta}$$

[1] Die Werte der spezifischen Schnittkraft k_c werden in Drehversuchen ermittelt. Die Umrechnung auf das Bohren erfolgt durch den Faktor 1,2 in der Formel.

Drehzahldiagramm

n	Drehzahl	1/min
v_c	Schnittgeschwindigkeit	m/min
d	Werkzeug- bzw. Werkstückdurchmesser	m

Drehzahl

$$n = \frac{v_c}{\pi \cdot d}$$

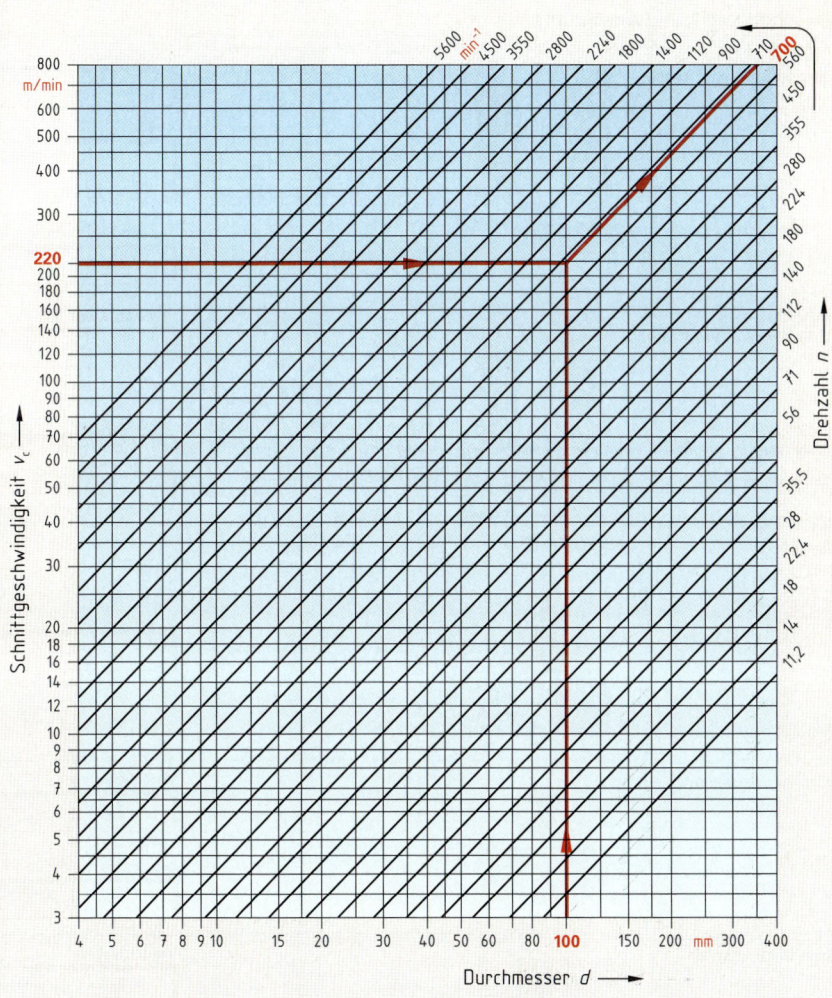

Hauptnutzungszeit beim Bohren, Senken, Reiben und Gewindebohren

Hauptnutzungszeit t_h, Drehzahl n

t_h	Hauptnutzungszeit	min
d	Werkzeugdurchmesser	m (mm)
l	Bohrungstiefe	mm
l_a	Anlauf	mm
l_u	Überlauf	mm
l_s	Anschnitt	mm
L	Vorschubweg	mm

i	Anzahl der Bohrungen	–
n	Drehzahl	1/min
f	Vorschub je Umdrehung	mm
v_c	Schnittgeschwindigkeit	m/min
σ	Spitzenwinkel	°
P	Steigung	mm
g	Gangzahl	–

Hauptnutzungszeit

$$t_h = \frac{L \cdot i}{n \cdot f}$$

Drehzahl

$$n = \frac{v_c}{\pi \cdot d}$$

Vorschubweg L und Anschnitt l_s

Durchgangsbohrung beim Bohren und Reiben

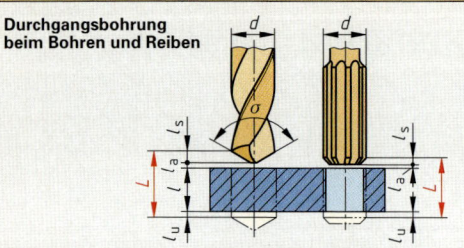

Anschnitt l_s	
σ	l_s
80°	$0{,}6 \cdot d$
118°	$0{,}3 \cdot d$
130°	$0{,}23 \cdot d$
140°	$0{,}18 \cdot d$

Vorschubweg

$$L = l + l_s + l_a + l_u$$

Anschnitt

$$l_s = \frac{d}{2 \cdot \tan\frac{\sigma}{2}}$$

Anschnitt für Bohrertyp N

$$l_s \approx 0{,}3 \cdot d$$

Grundlochbohrung beim Bohren und Reiben

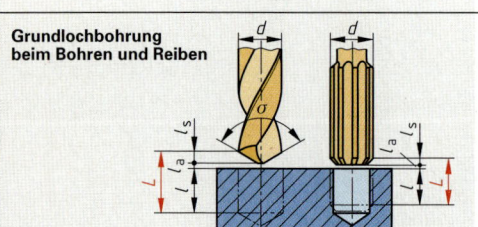

Anschnitt l_s	
σ	l_s
80°	$0{,}6 \cdot d$
118°	$0{,}3 \cdot d$
130°	$0{,}23 \cdot d$
140°	$0{,}18 \cdot d$

Vorschubweg

$$L = l + l_s + l_a$$

Anschnitt

$$l_s = \frac{d}{2 \cdot \tan\frac{\sigma}{2}}$$

Senken

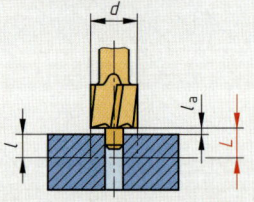

Vorschubweg

$$L = l + l_a$$

Durchgangsgewinde

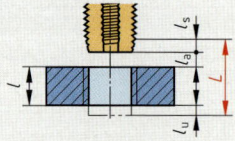

Vorschubweg

$$L = l + l_s + l_a + l_u$$

Anschnitt

$$l_s = g \cdot P$$

Grundlochgewinde

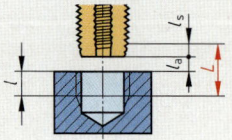

Vorschubweg

$$L = l + l_s + l_a$$

Anschnitt

$$l_s = g \cdot P$$

Hauptnutzungszeit beim Drehen

Längs-Runddrehen mit konstanter Drehzahl

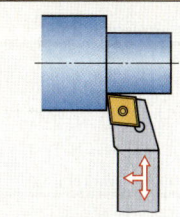

t_h	Hauptnutzungszeit	min
L	Vorschubweg	mm
i	Anzahl der Schnitte	–
n	Drehzahl	1/min
f	Vorschub	mm
v_c	Schnittgeschwindigkeit	m/min
d	Außendurchmesser	m
l_a	Anlauf	mm
l_u	Überlauf	mm

Hauptnutzungszeit

$$t_h = \frac{L \cdot i}{n \cdot f}$$

Drehzahl

$$n = \frac{v_c}{\pi \cdot d}$$

Berechnung des Vorschubweges L

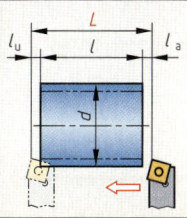

Vorschubweg ohne Ansatz

$$L = l + l_a + l_u$$

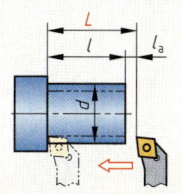

Vorschubweg mit Ansatz

$$L = l + l_a$$

Quer-Plandrehen mit konstanter Drehzahl

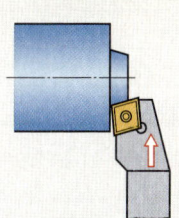

t_h	Hauptnutzungszeit	min
L	Vorschubweg	mm
i	Anzahl der Schnitte	–
n	Drehzahl	1/min
f	Vorschub	mm
v_c	Schnittgeschwindigkeit	m/min
d	Außendurchmesser	mm
d_m	mittlerer Durchmesser[1]	m (mm)
l_a	Anlauf	mm
l_u	Überlauf	mm

Hauptnutzungszeit

$$t_h = \frac{L \cdot i}{n \cdot f}$$

Drehzahl[1]

$$n = \frac{v_c}{\pi \cdot d_m}$$

Berechnung des Vorschubweges L und des mittleren Durchmessers d_m

Vollzylinder ohne Ansatz

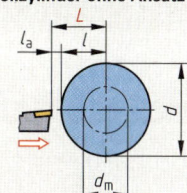

Vorschubweg

$$L = \frac{d}{2} + l_a$$

Mittlerer Durchmesser[1]

$$d_m = \frac{d}{2}$$

Vollzylinder mit Ansatz

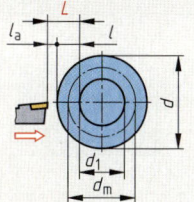

Vorschubweg

$$L = \frac{d - d_1}{2} + l_a$$

Mittlerer Durchmesser[1]

$$d_m = \frac{d + d_1}{2}$$

Hohlzylinder

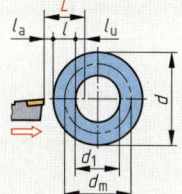

Vorschubweg

$$L = \frac{d - d_1}{2} + l_a + l_u$$

Mittlerer Durchmesser[1]

$$d_m = \frac{d + d_1}{2}$$

[1] Die Verwendung vom mittleren Durchmesser führt zu höheren Schnittgeschwindigkeiten. Damit ist garantiert, dass bei kleineren Durchmessern im Innenbereich noch annehmbare Schnittgeschwindigkeiten herrschen.

Hauptnutzungszeit beim Fräsen

Hauptnutzungszeit, Vorschubgeschwindigkeit, Vorschub, Drehzahl

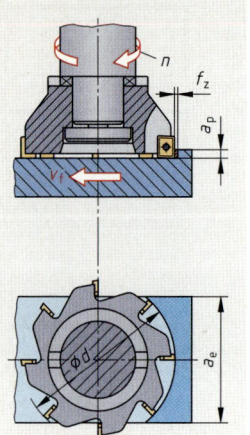

t_h	Hauptnutzungszeit	min
l	Werkstücklänge	mm
a_p	Schnitttiefe	mm
a_e	Schnittbreite (Fräsbreite)	mm
l_a	Anlauf	mm
l_u	Überlauf	mm
l_s	Anschnitt	mm
L	Vorschubweg	mm
d	Fräserdurchmesser	mm
n	Drehzahl	1/min
f	Vorschub je Umdrehung	mm
f_z	Vorschub je Schneide	mm
z	Anzahl der Schneiden	–
v_c	Schnittgeschwindigkeit	m/min
v_f	Vorschub-geschwindigkeit	mm/min

Hauptnutzungszeit

$$t_h = \frac{L \cdot i}{n \cdot f} \qquad t_h = \frac{L \cdot i}{v_f}$$

Vorschub je Umdrehung

$$f = f_z \cdot z$$

Vorschubgeschwindigkeit

$$v_f = n \cdot f \qquad v_f = n \cdot f_z \cdot z$$

Drehzahl

$$n = \frac{v_c}{\pi \cdot d}$$

Vorschubweg L und Anschnitt l_s in Abhängigkeit der Fräsverfahren

Fräsverfahren	Fräserposition	Bild	Berechnung
Stirnfräsen	mittig	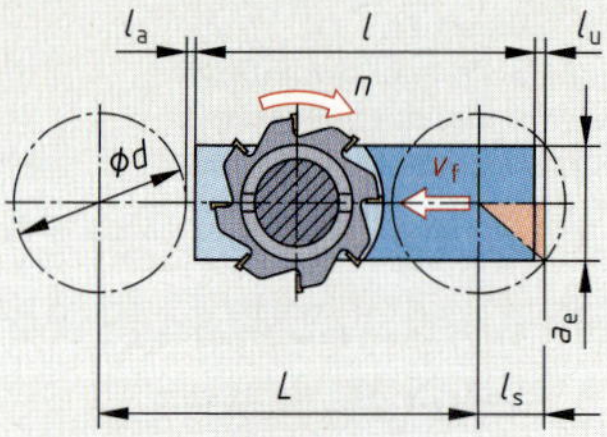	**Vorschubweg** $$L = l + 0{,}5 \cdot d + l_a + l_u - l_s$$ **Anschnitt** $$l_s = 0{,}5 \cdot \sqrt{d^2 - a_e^2}$$
Stirnfräsen	außermittig $a_e > 0{,}5 \cdot d$	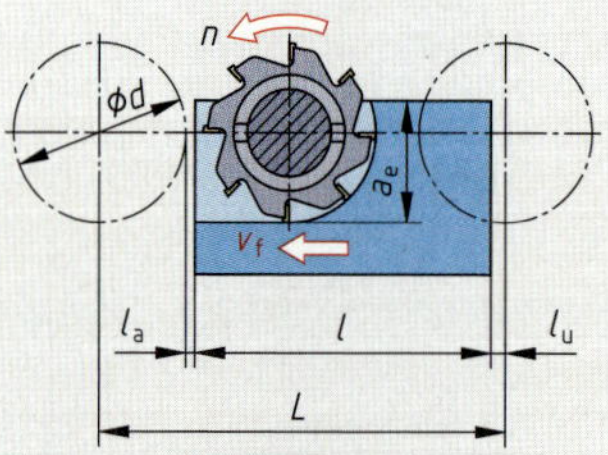	**Vorschubweg** $$L = l + 0{,}5 \cdot d + l_a + l_u$$
Stirnfräsen	außermittig $a_e < 0{,}5 \cdot d$	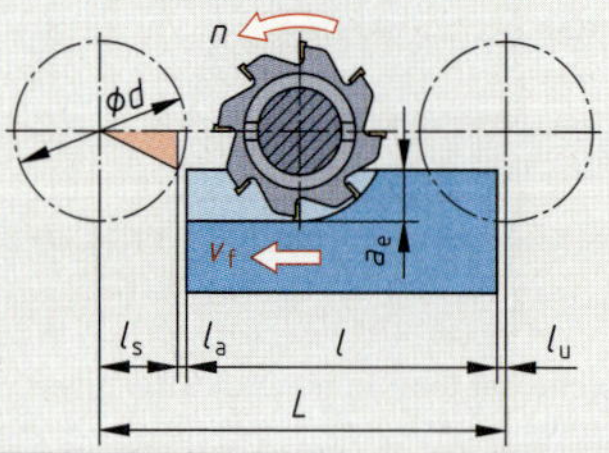	**Vorschubweg** $$L = l + l_a + l_u + l_s$$ **Anschnitt** $$l_s = \sqrt{a_e \cdot d - a_e^2}$$
Umfangs-fräsen	–		

Hydraulik, Pneumatik

Luftverbrauch pneumatischer Zylinder

Einfachwirkender Zylinder (EZ)

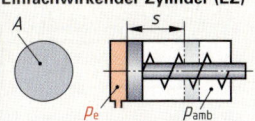

Doppeltwirkender Zylinder (DZ)

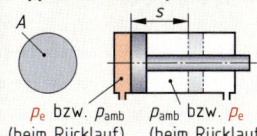

p_e bzw. p_{amb} p_{amb} bzw. p_e
(beim Rücklauf)   (beim Rücklauf)

Q	Luftverbrauch	l/min
p_e	Überdruck im Zylinder	bar
p_{amb}	Luftdruck	bar
n	Hubzahl	1/min
A	Kolbenfläche	cm²
s	Kolbenhub	cm
q	spezifischer Luftverbrauch	l/cm

Der spezifische Luftverbrauch q für die vereinfachten Formeln hängt vom Überdruck im Zylinder und von der Kolbenfläche ab. Er kann Diagrammen (Beispiel siehe unten) oder Tabellen entnommen werden.

Berechnung mit Formeln

**Luftverbrauch[1]
einfachwirkender Zylinder**

$$Q = A \cdot s \cdot n \cdot \frac{p_e + p_{amb}}{p_{amb}}$$

**Luftverbrauch[1]
doppeltwirkender Zylinder**

$$Q \approx 2 \cdot A \cdot s \cdot n \cdot \frac{p_e + p_{amb}}{p_{amb}}$$

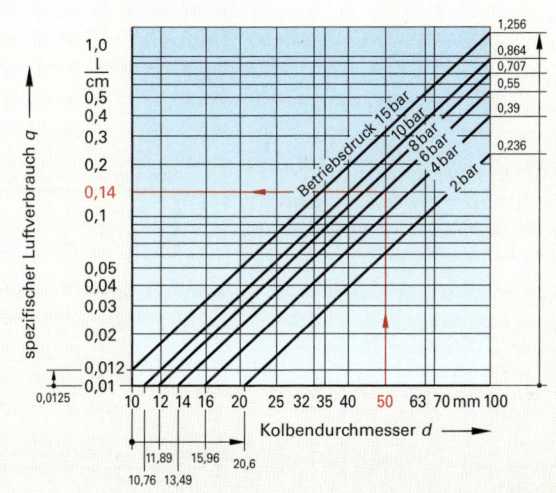

spezifischer Luftverbrauch q

Kolbendurchmesser d

Berechnung mit Diagramm

**Luftverbrauch[1]
einfachwirkender Zylinder**

$$Q = q \cdot s \cdot n$$

**Luftverbrauch[1]
doppeltwirkender Zylinder**

$$Q \approx 2 \cdot q \cdot s \cdot n$$

Beispiel:

Der Luftverbrauch eines einfachwirkenden Zylinders mit d = 50 mm, s = 100 mm und n = 120/min soll aus dem Diagramm für p_e = 6 bar ermittelt werden. Nach dem Diagramm ist q = 0,14 l/cm Kolbenhub.
$Q = q \cdot s \cdot n =$
$= 0,14$ l/cm $\cdot 10$ cm $\cdot 120$/min
$= $ **168 l/min**

[1] Durch das Füllen der Toträume kann der wirkliche Luftverbrauch bis zu 25 % höher liegen. Toträume sind z. B. Druckluftleitungen zwischen Wegeventil und Zylinder oder nicht nutzbare Räume in der Endstellung des Kolbens. Die Querschnittsfläche der Kolbenstange wird nicht berücksichtigt.

Durchflussgeschwindigkeiten

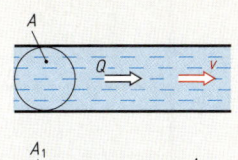

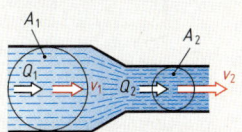

Q, Q_1, Q_2	Volumenströme
A, A_1, A_2	Querschnittsflächen
v, v_1, v_2	Durchflussgeschwindigkeiten

Kontinuitätsgleichung

In einer Rohrleitung mit wechselnden Querschnittsflächen fließt in der Zeit t durch jeden Querschnitt der gleiche Volumenstrom Q.

Volumenstrom

$$Q = A \cdot v$$

$$Q_1 = Q_2$$

Verhältnis der Durchflussgeschwindigkeiten

$$\frac{v_1}{v_2} = \frac{A_2}{A_1}$$

Hydraulik, Pneumatik

Kolbenkräfte

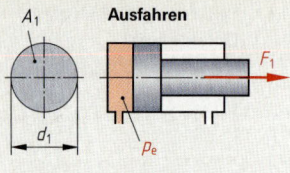

p_e	Überdruck
A_1, A_2	Kolbenflächen
F_1	Kolbenkraft beim Ausfahren
F_2	Kolbenkraft beim Einfahren
d_1	Kolbendurchmesser
d_2	Kolbenstangendurchmesser
η	Wirkungsgrad

Wirksame Kolbenkraft

$$F = p_e \cdot A \cdot \eta$$

Druckeinheiten

$$1\,\text{Pa} = 1\,\frac{\text{N}}{\text{m}^2} = 10^{-5}\,\text{bar}$$

$$1\,\text{bar} = 10\,\frac{\text{N}}{\text{cm}^2} = 0{,}1\,\frac{\text{N}}{\text{mm}^2}$$

$$1\,\text{mbar} = 100\,\text{Pa} = 1\,\text{hPa}$$

Kolbengeschwindigkeiten

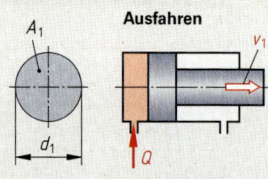

Q	Volumenstrom
A_1, A_2	wirksame Kolbenflächen
v_1, v_2	Kolbengeschwindigkeiten

Kolbengeschwindigkeit

$$v = \frac{Q}{A}$$

Leistung von Pumpen und Zylindern

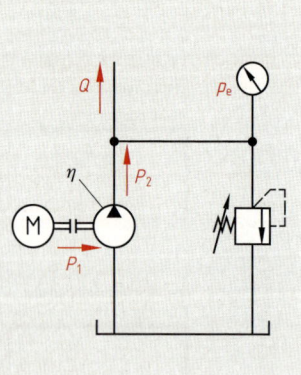

P_1	zugeführte Leistung an der Pumpenantriebswelle
P_2	abgegebene Leistung am Pumpenausgang
Q	Volumenstrom
p_e	Überdruck
η	Wirkungsgrad der Pumpe
M	Drehmoment
n	Drehzahl
9550	Umrechnungs-
600	faktoren

Zugeführte Leistung

$$P_1 = \frac{M \cdot n}{9550}$$

Abgegebene Leistung

$$P_2 = \frac{Q \cdot p_e}{600}$$

Wirkungsgrad

$$\eta = \frac{P_2}{P_1}$$

Formeln für zugeführte und abgegebene Leistung mit:
P in kW, M in N · m, n in 1/min, Q in l/min, p_e in bar

Koordinatenachsen
vgl. DIN 66217 (1975-12)

Koordinatensystem

Rechte-Hand-Regel

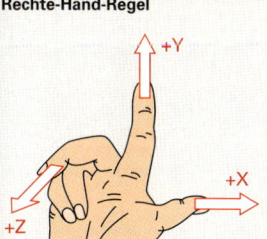

Kartesisches Koordinatensystem

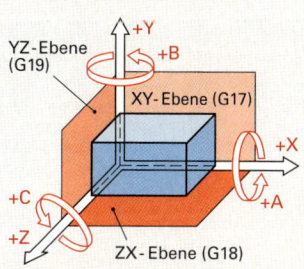

YZ-Ebene (G19)

XY-Ebene (G17)

ZX-Ebene (G18)

Die Koordinatenachsen X, Y und Z stehen senkrecht aufeinander.

Die Zuordnung kann durch Daumen, Zeigefinger und Mittelfinger der rechten Hand dargestellt werden.

Die Drehachsen A, B und C werden den Koordinatenachsen X, Y und Z zugewiesen.

Blickt man bei einer Achse in die positive Richtung, so ist die Drehung im Uhrzeigersinn die positive Drehrichtung.

Koordinatenachsen beim Programmieren

Senkrecht-Fräsmaschine

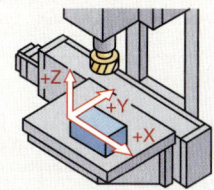

Waagrecht-Fräsmaschine

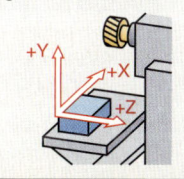

Drehmaschine

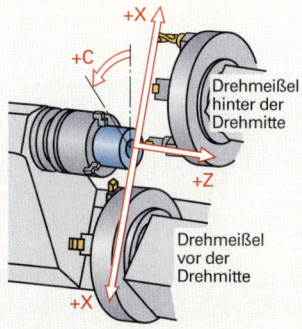

Drehmeißel hinter der Drehmitte

Drehmeißel vor der Drehmitte

Beispiel:
2-Schlitten-Drehmaschine mit programmierbarer Hauptspindel

Die Koordinatenachsen und die daraus resultierenden Bewegungsrichtungen sind auf die Hauptführungsbahnen der CNC-Maschine ausgerichtet und beziehen sich grundsätzlich auf das aufgespannte Werkstück mit dessen Werkstücknullpunkt.

Positive Bewegungsrichtungen ergeben immer eine Vergrößerung der Koordinatenwerte am Werkstück.

Die Z-Achse verläuft immer in Richtung der Hauptspindel.

Um das Programmieren zu vereinfachen, nimmt man an, dass das Werkstück stillsteht und sich nur das Werkzeug bewegt.

Nullpunkte und Bezugspunkte

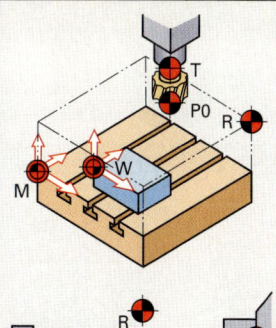

Maschinennullpunkt M
Er ist der Ursprung des Maschinen-Koordinatensystems und wird vom Maschinenhersteller festgelegt.

Werkstücknullpunkt W
Er ist der Ursprung des Werkstück-Koordinatensystems und wird vom Programmierer nach fertigungstechnischen Gesichtspunkten festgelegt.

Werkzeugträger-Bezugspunkt T
Er liegt mittig an der Anschlagfläche der Werkzeugaufnahme. Bei Fräsmaschinen ist dies die Stirnfläche der Werkzeugspindel, bei Drehmaschinen die Anschlagfläche des Werkzeughalters am Revolver.

Referenzpunkt R
Er ist der Ursprung des inkrementalen Wegmesssystems mit einem vom Maschinenhersteller festgelegten Abstand zum Maschinennullpunkt.

Programmnullpunkt P0 (1) nicht genormt)
Er gibt die Koordinaten des Punktes an, an dem sich das Werkzeug vor Beginn des Programmstarts befindet.

Werkzeug- und Bahnkorrekturen

Drehen	Fräsen

Werkzeugkorrekturen

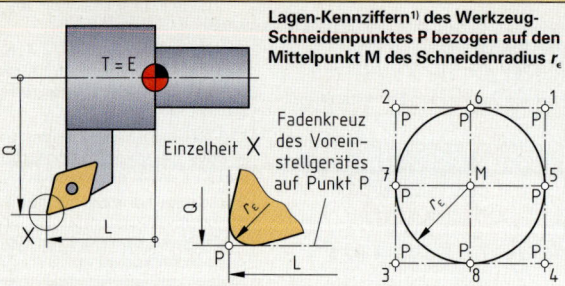

Lagen-Kennziffern[1] des Werkzeug-Schneidenpunktes P bezogen auf den Mittelpunkt M des Schneidenradius r_ε

Einzelheit X

Fadenkreuz des Vorein-stellgerätes auf Punkt P

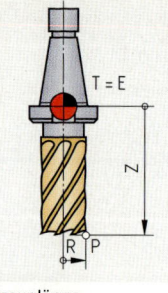

Q	Querablage der X-Achse	E	Werkzeug-Bezugspunkt
L	Längenkorrektur der Z-Achse	M	Mittelpunkt des Schneiden-radius r_ε
r_ε	Schneidenradius		
1…8	Lage-Kennziffern	P	Werkzeug-Schneidenpunkt
T	Werkzeugträger-Bezugspunkt		[1] nicht genormt

Z	Werkzeuglänge
R	Werkzeugradius
T	Werkzeugträger-Bezugspunkt
E	Werkzeug-Bezugspunkt
P	Werkzeug-Schneidenpunkt

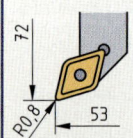

Korrekturspeicher	
Q	72
L	53
r_ε	0,8
Lage-Kennziffer	3

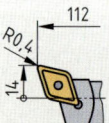

Korrekturspeicher	
Q	14
L	112
r_ε	0,4
Lage-Kennziffer	2

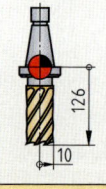

Korrekturspeicher	
Z	126
R	10

Bahnkorrekturen

G41	Drehwerkzeug links	G42	Drehwerkzeug rechts	G41	Fräswerkzeug links

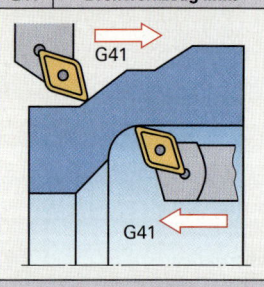

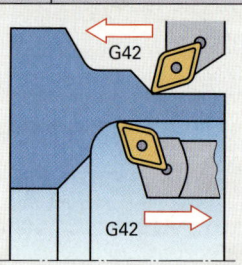

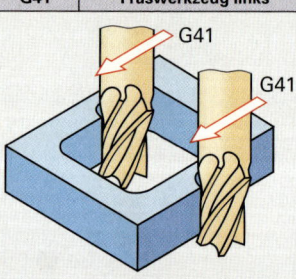

Drehmeißel vor der Spindelachse		G42	Fräswerkzeug rechts

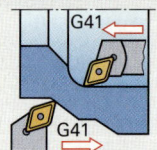

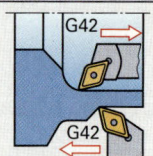

Bei der Anordnung des Drehmeißels vor der Mitte ergibt sich nach DIN 66217:
Bedingt durch die andere Betrachtung der XZ-Ebene kehrt sich für den Anwender, der von oben auf das Werkstück schaut, und für die Programmierung die Bahnkorrektur um.

Die Bahnkorrekturen G41 und G42 werden mit der Funktion G40 wieder abgewählt.